与研究生一席谈

与师生一席谈

冯老师成功讲座系列

Talks of College Dailylife for Postgraduates and Supervisors

冯长根◇著

北京理工大学出版社
BEIJING INSTITUTE OF TECHNOLOGY PRESS

图书在版编目（CIP）数据

与研究生师生一席谈：冯老师成功讲座系列/冯长根著．—北京：北京理工大学出版社，2019.9（2020.11重印）

ISBN 978－7－5682－7630－6

Ⅰ.①与…　Ⅱ.①冯…　Ⅲ.①科学研究工作－工作方法　Ⅳ.①G312

中国版本图书馆CIP数据核字（2019）第202893号

出版发行／北京理工大学出版社有限责任公司
社　　址／北京市海淀区中关村南大街5号
邮　　编／100081
电　　话／（010）68914775（总编室）
（010）82562903（教材售后服务热线）
（010）68948351（其他图书服务热线）
网　　址／http：//www.bitpress.com.cn
经　　销／全国各地新华书店
印　　刷／三河市华骏印务包装有限公司
开　　本／710毫米×1000毫米　1/16
印　　张／22
字　　数／250千字
版　　次／2019年9月第1版　2020年11月第2次印刷
定　　价／68.00元

责任编辑／徐艳君
文案编辑／徐艳君
责任校对／刘亚男
责任印制／李志强

自序

“冯老师成功讲座”始于2018年5月7日，这一天我请学生帮助开通了一个“冯老师讲座”微信公众号，这些漫读式的公众号文章从那时到现在也有90多篇了，朋友们以及一些师生看到我，不时提起他们看到了这些文章，以及他们读了文章的体会，听了让人感到高兴，这是自媒体这个新事物送给我的礼物。

北京理工大学出版社找我说要出版讲座集，又一次让我感到高兴。其实，这些文章2007年起就在《科技导报》上发表了。看到这些文章具有生命力，的确令人感到高兴。

这个讲座叫“成功讲座”，对象是正在攻读学位的博士生、硕士生以及指导他们的导师。他们正在走向成功，能够与他们同行，并且谈一谈自己的体会和经验，是一种幸福。回想自己攻读学位时，能够有人介绍经验该有多么好——1979年我公费到英国留学，先是几个月语言磨

合，1980 年春到利兹大学攻读博士学位，心里忐忑不安，因为我对如何攻读博士学位（尤其是在英国读）没有底。实际上，既没有被告之最好应该怎么做，也没有被告之最好不要怎么做，似乎这一切你自己都应该知道。我当然明白我并不生来就知道如何攻读博士学位，也就比较关心这个层面的事，没想到这么多年过去了这些令我忐忑不安的想法，写出来，现在还对博士生、硕士生和导师们有益。

人是需要指导的（对任何事人都不会生而知之），不仅博士生、硕士生需要指导，就是他们的导师一般也需要指导。依我的体会，高等学校充满了这样的指导，不但英国利兹大学是这样，北京理工大学也是这样，因为它们都属于现代先进的高等教育体系。举个例子吧。也许你知道，也许你并不知道，1975 年当我成为北京工业学院（北京理工大学前身）的学生时，我是一名只具有初中一年级文化程度的学生，是北京工业学院令人惊奇地用 3 年时间，就使我成了一名标准的大学毕业生（可见教育的力量很大）。这个“奇迹”在 3 年大学学习刚结束时看不出来，这一年是 1978 年。1978 年我们国家迎来了高等学校大规模恢复招收本科生的第一年，也迎来了部分高校招收研究生的第一年，我与另外两位本科毕业生脱颖而出，考上了研究生。同年，国家还决定向国外大规模选派公费留学生，这是改革开放时代的召唤，没想到我们三人又通过了出国考试，我们实际上成了标准的大学毕业生，这一年北京工业学院参加出国考试的其他人并没有考上。如果说这是个奇迹，那么，这归功于北京工业学院对人才的一流培养理念，反映了改革开放时代对人才的呼唤。我是荣幸的，我得到了时代的恩惠，见证了现代高等教育体系在培养人才方面的重要作用。

到 1983 年年底的时候，我完成了博士学位的攻读。这 4 年的经历，

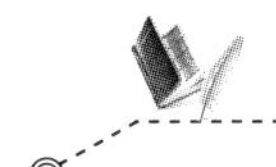

也就成了这个讲座的一部分素材。当时，我完成了约15、16篇学术论文（其中已发表的有14篇吧），但是写入博士论文的也就是5、6篇。当博士论文的散页由导师的秘书帮助我一页页用老式英文打字机打出来，又送出去装订成一本精美的博士论文时，我意识到，这本博士论文虽然是利兹大学的学位论文，但是它却述说着一个十分贫穷的国家对现代化建设人才的渴望。为此，我在博士论文的扉页上用中英文工工整整地写下一句话——本论文献给我的祖国：中华人民共和国。当年12月答辩会结束3天，我就回北京了，我从此成为北京工业学院的年青教师。导师后来告诉我，我的博士论文是利兹大学化学院当年的优秀物理化学博士论文，并得了 J. B. Cohen Prize。2019年是我退休之年，在教师节的荣休仪式上，我把这本36年前的博士论文，赠送给了北京理工大学，现在它由校史馆收藏着。

我国的博士是改革开放时代的新事物。1983年5月27日下午，雄伟的北京人民大会堂见证了中华人民共和国成立后首批18位博士的诞生。这是我国自1981年1月1日正式实行学位制度以来培养出来的第一批博士，在此以前，我国从来没有培养过“博士”这种人才。1983年以后，一批批博士从高校走出来，成为科学技术领域中的栋梁和精英，很多人成为领军人物。正因为如此，他们在被培养出来时的“一日三餐”就显得不是无足轻重了，他们的研究工作、他们在实验室的每一天、他们在想什么、他们应该得到什么样的指导，就值得书写了。如果联系到如今全国招收的博士新生每年有8万规模，那么对他们的合理指导就更具有重要意义。我希望这个讲座集的出版有利于博士新生（包括他们的导师）的攻博实务。

本书的写作没有使用“命令式”“居高临下式”的语言，相反，我

采用的实际上是谈心的方式，讲座中也尽可能不使用“大字眼”而使用“小字眼”，这可以使年轻的博士生们容易接受其中的提示。本书也绝不是为大家提供教科书式的行为标准，在讲座谈到的许多地方，不同的学科与专业会有不同的做法，这就像各地都是一日三餐，但各地的餐食与风味却完全不同。

攻读学位你会遇到一个一个的环节，本书就此提出供讨论的问题，以便使你得到合适的帮助，仅此而已。

我要感谢北京理工大学出版社，是出版社的热情邀请，使本书得以出版。特别感谢北京理工大学出版社李炳泉副社长、刘派编辑的具体帮助，使本书得以很快出版。北京理工大学是令人难以忘怀的地方，不仅是它的美丽校园，而且是它一流的教学。能够成为北京理工大学的博士生导师，是荣幸，也是幸福，在此谨表示我对北京理工大学的衷心感谢。如果从当学生算起，那么从这所大学，我看到了一个国家天翻地覆的变化；如果从当教师算起，那么从北京理工大学，我看到了一个新时代像东方的红日喷薄而出，光耀大地。我还要感谢与我相遇在北京理工大学的博士后、博士生、硕士生，没有这些年轻的精英们的参与，也就没有这个讲座集，不仅仅在写成这些漫谈式的文章时，有他们日常的帮助，重要的是通过他们攻读学位，推动了我国学位事业的发展。机电学院的甘强老师，《安全与环境学报》编辑钱金鑫，博士后李杰，博士生程年寿、彭克林、朱双飞，硕士生钱石川、李蓉、吴翰、李昌霖、胡靖伟参与了公众号文章的编发等工作，在此谨表谢意。

冯长根

2019 年 9 月 15 日

目　录

讲座1

攻读学位是为了走进结构性成功之路

请问：研究生应该如何夯实成功科研生涯的基础？

当你刚刚成为硕士生、博士生时，你想过这个问题吗？我相信你想过。更多的人还会想到类似的问题：我能有一个成功的科学技术研究生涯吗？冯老师为什么要借“成功”来说事呢？因为，成功的人生，是对生命的赞美。

作为一名博士生导师，我愿与你聊聊这个话题。这里不讨论研究生“不应该这样，不应该那样”，我想谈谈“成功科研生涯”的“高楼”，是由哪些“构件”一层一层构建起来的，因为在现代社会，成功的科研生涯是由一些结构性的因素来保证的。那么它们都是什么？研究生如何面对它们？我也不想谈古今中外那些耳熟能详、早已见诸各类经典书籍

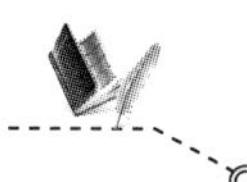

的走向成功的个案，那些大科学家、著名专家，太少了，也许不到5%，我想谈谈那些95%的科学技术工作者，现代社会保证他们具有成功科研生涯的一般图像。

现代社会是这样安排人们最初的成功生涯的：大约6岁上小学，12岁上初中，15岁上高中，18岁上大学。这些当然就是结构性因素，这几乎是人所共知的“硬机遇”，它们都是以“考试”作为成功的标志。你在这个阶段经历的是现代社会给予年轻人的“基础教育”阶段。事实上，一个国家如果不给年轻人安排适当的教育机会，不仅不会出现大量的成功人士，国家也没有希望。在这个阶段，你会感受到什么叫“青春”“阳光”“幸福”。你通过考试，就走向了下一个成功。你选择攻读学位，你成了一名硕士生、博士生，你其实准备深度地走进现代社会为你安排的结构性成功之路。现代社会为年轻人在大学往后的安排就是攻读硕士学位，攻读博士学位，因为攻读这些学位并得到相应的训练对于获得科研生涯的成功是必不可少的。这个结构性成功之路的顶峰，就是国家实行的院士制度。在现代社会，没有博士学位上的各种训练，没有这样的资格，就谈不上成为院士。

（原文发表于《科技导报》，略有修改）

讲座2

如何认识自己的导师？怎样相处？

选择导师，实际上首先是在选择做什么研究课题。可以肯定，你对有些课题兴趣极大，热情高涨，对另一些课题却毫无兴趣。使人十分无奈的当然是做别人选择给你的课题。在较好一点的情况下，你对课题相当投入，因为你已经知道你不得不做这些工作。更好的情况是，你被课题所吸引，下意识地忘却了研究工作令人厌烦的地方，集中了自己的全部注意力投入研究。

可见，成功科研生涯的最理想开端，在于从事一个引起你兴趣的科研项目。发现一个合适的研究方向就好比选择终身伴侣。与找对象要见面一样，选择或联系一个博士点、硕士点以前，访问这个博士点、硕士点的实验室，与学科组长，可能的话与学科组其他成员谈谈，好处多

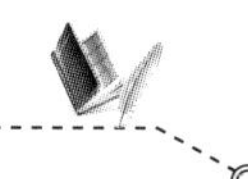

多。大多数实验室欢迎这样的访客，因为多数申请人不会这样做。我相信你会发现这样做有一个好处，即你可以有机会识别一个你感到适应的环境，使自己在这个环境中工作具有幸福感。另一方面，如果不实地看一看，你也就不可能知道将来要做的科研是否会激起你的兴趣。这不仅仅涉及你将要用到的技术和设备，更重要的是亲自感受实验室文化。

同样的考虑可以应用于选择你的博士生、硕士生指导教师。与导师良好的工作关系当然十分重要，在你进入科学技术共同体这个新的世界的最初阶段，许多方面的体验来自导师。良好的师生之交带给你的收获，可以达到惊人的程度，请你记住这一点。在你攻读博士学位的过程中，无论是通过电话、短信、电子邮件或面对面，你都可能会与导师有几百次交谈，这中间你会经历高兴和激励，也会经历痛苦和失望。怎样与导师相处？这个问题所有学生都会遇到。

开始做实验、搞研究时，你非常希望导师随时随处指导你，解决你的任何一个困惑。这往往不现实，因为导师是“忙人”，他好像总有比你正在做的研究多得多的工作。你开始担心能不能从科学技术研究中得到最好的收获。即使到了二年级你也会问：我的研究低于国际水平，导师还能对我感兴趣吗？答案是肯定的。这里有一条与导师交往的百试不爽的首要规则：保持和导师的联系。有时论文做得十分不顺利，常见的原因不是你的研究水平没有达到国际一流，恰恰在于你可能把自己与导师隔离了。顺便说说，让你的名字经常出现在导师的头脑中、嘴上，以及他和科学共同体中其他同事的联络网络之中，将极大地促进你寻找职业的希望和可能。导师给了你学位，他当然已经对你进行了评价。在读期间建立与导师愉快的联系，招聘你的单位也会因此乐于接收你。

但要小心，一些学生在导师出差几天、几周甚至几个月时，失去了

导师意识。“导师出差了，他不会找我了，我不用找他了”，有人这样想。更糟糕的情况是，因为平时的刻苦，你在这时会松懈起来，甚至偷懒了，这时你的独立工作能力实际上虚化了。你在心里肯定地说：我还有很多时间，我控制自己没有问题。实际上，在这个时候，你需要知道与导师交往的第2个规则：让导师得到你的消息。否则，导师以为你的研究工作没有什么问题，这使导师产生虚化的安全感。如果导师在出差时因为得不到你研究工作的消息而产生“看来一切顺利”的想法，肯定对你和你的研究没有益处。记住有规律地给导师发送一些自己的研究消息，即使是一个短信，准确告诉导师从上次以来自己有或者没有什么样的进展。一个星期通知导师一次最好，并且使之成为有规律的任务。用不着害怕对导师承认“从上次以来我还没有得到新的结果”。让导师得到自己的消息，你会成为一名幸福的硕士生、博士生，因为让导师知道自己的研究进展无疑会推进你的科学研究。

与导师交往的第3个规则是摸清导师的脾气。要熟悉导师的说话方式、口头语、是急性子还是慢性子。比如说，他是不是一个“气冲”的人？科学家们最有特点的是他们的沉默，但沉默之中却是持续不断的脑力活动。有的导师最关心的莫过于得到研究结果，也有的只是在实验和实验室活动“完全”到位才允许考虑更高水平的工作。了解导师日常处理问题的性格，你和导师的相处会更加有效。不妨听听比你到实验室年头更早的同学和同事们对导师脾性的介绍。摸清导师的脾气，它的潜台词实际上关系到你使用导师的语言与导师保持联系的能力。对于有的导师，学生不仔细挑选自己的词汇，很容易使导师产生误会。例如，博士生说，这个实验不值得再重复，到了导师的耳朵中，有可能被理解为“我马上就重做这个实验”。你的确会感到这样的理解怎么可能呢？但这种情况在学校中不断发生着。为此，对导师说话要多在词汇和词语上下点功夫，使自己对导师的话像玻璃一样透明而不至于产生歧义。为了更有效起见，你也许需要鉴别你的个性和交往技巧与导师的差别，然后一步一步地消除这些差别。作为学生，这件事的责任在你身上。你的导师带着自己的脾气已经在科学研究中得到了成功的经历，你没有必要去犯一个低估自己导师的错误。

与导师交往的第 4 个规则是赢得导师的尊重。懒和不可信会失去导师对你的尊重。也许你是那种简单直爽的人，但这也不太可能赢得导师的尊重。值得指出的是，缺乏信心是许多学生的问题。在极端的情况下，与缺乏信心的学生讨论问题，一个又一个缺乏信心的对话往来，会影响导师的信心。走出这个怪圈其实很简单，需要的仅仅是学生对导师说“我能行！”“我能行”恐怕是世界上最有分量的 3 个字。我个人的体会是：这 3 个字最能赢得导师的尊重。我有一个博士生，回应我的口头语是“老师，您放心。”这位博士生赢得了我的尊重。一个是你得到了在科学技术上重要的结果，另一个是你通过研究展示了自己的独立思考，哪一个更容易赢得导师的尊重呢？答案是后一个。这就是人们常说的：独立工作能力第一，成果第二。我常对学生说，独立的思考和工作能力，才能保证你的成功，至于眼下的课题，虽然有些学生还会在毕业后继续做下去，但更多的人会从事新的课题和工作。

与导师交往的第 5 个规则是稍稍有点个性。许多学生不习惯向处于权威地位的人（如导师）提出要求，有时甚至是十分顺从的。假设你已经应用了前文第 4 条，你实际上得到了一个直接的好处，即你处在和老师可以交互甚至“谈判”的地位，因为你的导师看重你的主意。但是请注意，你正在被训练成为一个独立的研究者，摆脱旧时所说的师生关系是有意义的。我就认为我和学生们的关系是科学研究中的同事关系。三年以后，博士生就要面对这样的情况，即你要合理地评论某个论文或成果，或为自己的研究辩护。为此，你在做研究生时需要学习站在自己的立场上面对导师，因为这肯定会增强你在济济一堂的专家面前时站在自己立场上的信心。为了避免那时的尴尬，你要有点个性：做点努力，和你的导师谈一谈你关于研究课题目的的个人看法；甚至大胆一点，与你的导师商量商量给你的研究工作量多了还是少了。多谈谈，任何事都行。如果你不太熟悉处理和导师的这类关系，可以阅读一些处理关系一类的图书。如果学校有针对博士生、硕士生如何学习的讲座或培训班，不妨积极参加这些活动。这些可以告诉你如何聆听导师讲话，然后把你从阅读中或参加上述活动中得到的办法用于自己和导师的交往，你会得到你所需要的收获。相应地，一旦你的确有了个性，且能够准确地表达自己，你的导师一定也会感到他得到了希望得到的东西。

与导师交往的第6个规则是为导师写点东西。这件事的重要性是显然的：如果你要与导师有一个好的交往关系，你需要在学术写作上相当活跃，特别是在学术论文方面。这些论文导师会在申请课题经费时用，同时这也使你增加自己在学术论文方面的积累。科学共同体评价每一个科学技术专家就是看学术论文。最终，这也是导师希望从你的课题中得到的东西。如果你已赢得导师对你的尊重，并已对你稍有个性的交往有所熟悉，较早地给导师有质量的作品会最终让导师得到结论：在你身上付出更多的时间是非常值得的。所以，在你的研究中一旦有了结果，就应该开始在自己的计算机中进行收集和整理。

写作论文的第一个感觉有时会是沮丧的。你十分用心，你可能为此用了整整一周的时间，但是写出来的文章感觉不够理想。我当时为导师

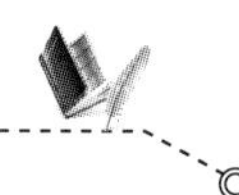

所写的第一篇论文只涉及一个数据，但当我把写入了这个临界数据三页纸的论文交给导师时，他是那么高兴，满怀信心地强调在已发表的文献中发现一个错误的数据是多么的重要。我和导师从此有了一个良好的关系。我在大学期间和讲课老师一起求解一个专业上繁冗的微分方程组时，也体会到了良好师生交往的愉快。显然，对于科学技术专家来说，再没有比看到又有一篇带有自己姓名的新的学术论文要寄送给期刊社更能吸引他们的关注了。

第6个规则是比较难的，但也最容易产生奇妙的效果。首先，你的导师会产生对你的好感，会愉快地阅读你的博士论文的一稿、二稿、三稿。想想看，这有多好！其次，学位论文的撰写和答辩会变得相当容易，因为你研究的某些部分已经作为学术论文发表了。我在面对博士论文答辩老师时，得到的第一个问题是：你的博士论文是否已经发表过若干论文？回答这个问题对我来讲是愉快的。后来的答辩内容就显得好像只是在讨论学术问题。

（原文发表于《科技导报》，略有修改）

讲座 3

注意克服时间陷阱

试问：你能用 4 年或者 3 年时间完成学位论文吗？有一年，英国科学和工程研究委员会调查发现，3 年（英国的博士学制是 3 年）按时完成博士论文的记录远远不能令人满意，在某些领域，平均有 2/3 的全日制博士生在开题后的 5 年内没能完成和提交他们的博士论文。我在英国利兹大学碰到一位华籍博士生时，已经是他读博士的第 10 个年头了。这样的情况的确不是令人愉快的。发生了什么情况呢？很多学生在最初会感到 3 年的时间有点儿长，甚至有一些学生会感到 3 年的时间太长了。其实呢，3 年的时间很快就会过去，学校规定的那些“结构性要求”是一环扣一环，哪个环节都不允许拖拉。但是，还是有一些原因使学生不能按时完成论文。毫无疑问，最致命的影响是时间陷阱。

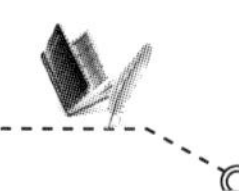

你刚刚投入研究，马上会发现做任何一件事都会比原来打算的要长，尤其是经验不足的学生。这就需要仔细计划自己的时间。对于一个经过刻苦的硕士生学习特别是由本科学位直接读博士学位的学生，3 年或者 4 年似乎是一个很长的时间，从而使预先应有计划的要求不特别明显。他们多数认为用不着现在就想一年以后、两年以后的事，更不用说要三年四年才会出现的事。随之而来的，就是不能按时完成学位论文的一个相当常见的原因，即慢吞吞地开始自己的研究工作。多数博士生、硕士生会有这个体会：研究工作的开端几乎总是比他最初预想的要慢。当然，该做的许多工作还是在等着你。如果没有把足够的努力用于根据需要应进行的文献调研，用于为课题建立模型，用于分析实验结果，或其他博士生、硕士生培养初期所要求的一些活动中，产生的后果就是遗留下的工作使你穷于对付，原先的方案、计划不可避免地落空。

不能按时完成学位论文的第 2 个常见原因，是学生对自己的工作总是不满足，总是在思考改进自己已经得到的结果。最初我就为了得到小数点后 8 位数的结果，不断修改初始参数，等着更好一些的计算结果，导致在一个计算程序上花了过多的时间。这种情况的另一个表达是，你不能就任何一个已干完的事做停止的结论。尽善尽美是无可指责的，但是若博士生、硕士生只写他已取得的东西，他应该可以相当清楚地看到这种完善性是否真正需要，或者在有限时间内计划那么多工作是否明智。

第 3 个常见的原因是学生偏离了主要要求、主攻方向。一种常见的干扰是学生一头扎进计算机室，“黏”在计算机上，过多地分析自己的实验数据，“把玩”各种数据，这当然是由于操作计算机比其他工作要有意思得多，但随之而来的就是不可避免地耽误时间，最终导致了不能按时完成学业。更为糟糕的是，现在有越来越多的机会在网上特别是智

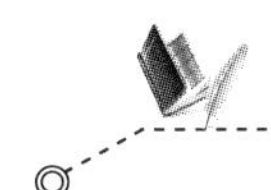

能手机上看新闻或阅读自己感兴趣的信息，这也往往带来这样的结果：原本计划看一小会儿休息而已，但新闻太吸引人了，从而入“迷”而忘返，占用大量时间。在这种情况下，你要学会走“回头路”，即随时能从迷人的故事和新闻中掉头或止步。

不能按时完成学业的最后一个原因，是数据搜集、整理不全。这类学生往往直到动手写论文时，才发现数据不足，只好停下来，进一步做实验或进行计算，而这通常会导致6~12个月的延迟。实际上，这是因处理和分析他的资料方面缺少预先计划而引起的，与此相应还包括缺少时间方面的规划。

所以，给你提个醒：别拿时间不当回事！

讲座4

管理时间

为了管好时间，你得有主动精神。眼下在各种招聘活动中，主动精神成为招聘的标准之一，已是十分流行。要在有限的三四年时间内完成学位论文，你肯定得有主动精神。首先你得用心计划好每一天、每一周、每个月。其次，还必须长期执行自己定好的计划。

有一些日常策略可以使你保持这种计划性。

首先说一说每一天。大多数博士课题特别是硕士课题是从一个十分有希望成功的实验开始的。对于你的每一天，这也是一个极好的模式：试着用简单的工作，开始每一天。做个简单明了的事让你的脑子进入状态，在复杂的实验面前，这样做也会让你对这一天充满信心。但注意如果大脑已经清醒就不要耽搁，深入课题研究才是正事。完成课题是你的

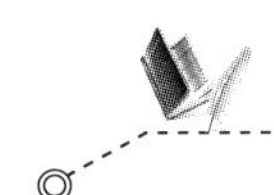

目标。当然，使你在实验室之间走来走去的事情往往会悄悄地出现，然后在不知不觉之中占去了你的一天。比如，你感到你得去图书馆或手机上看看近期的专业期刊或者需要整理整理自己的实验台，但如果你面临的是写作和实验，你就必须控制自己，首先进行做实验、写论文这样的重点工作。注意你的一天要围绕课题开展工作，有时候你能看到一位学生天天在实验室，并且具备了一位优秀学生的全部"外观"——按时到实验室，认真看书，不时记笔记，等等，但十天、一个月过去了，他什么也没做出来，这就是被称为"秀优秀"的学生病，常常出现于没有经验的学生身上，这里的"病根"是他没有"目标"。

在你的一天中要腾出时间让自己换换脑子。让大脑像呼吸器官一样有呼吸间隙是有益的。一天之中抽点时间坐下来，回顾回顾自己的工作，与在实际中完成这些工作是一样重要的。15 分钟的散步对于提升你大脑中的氧水平会有奇妙的作用，通常这就是产生灵感的时候。

试着使自己在结束一天时，能得到正面的产出。如果幸运的话，你会在一天结束的时候得到一个好结果或者一个好主意。这肯定会促进你第二天早间的工作。但是，相当一些时候，在一天结束时，恰恰是你最不幸运的时候：实验没有结果。请记住，失败的概率和成功的概率总是差不多的。

你最大的敌人是疲劳。疲劳降低工作效率，使研究工作倾向于更多的误差。这个时候也易于产生自我怀疑。所以，如果你累了，离开实验室休息休息吧。如果可以，使你的宿舍或者家成为一个缓解工作压力的空间。

有的实验要等较长的时间才有结果，有时候你不知道什么时候实验结果才哗哗地出来。记住，不是所有你干的工作都会变成金子。有些机

遇也不可能“计划”出来，它们极有可能在你最不关注的时候出现了(你要有高度的敏感性，多自言自语“这就是我要的吧”有好处)。如果某一天你的工作就是不见好，换一件事儿做做，以便你在傍晚离开实验室时仍然兴致高高的，即使这个事儿就是准备准备第二天的工作也值得，你至少有了些许的成就感。这里的诀窍是，做点事，任何事，只要这件事有利于你的课题，有利于提高你的兴致。每天结束研究时记住利用几分钟想一想第二天的工作，然后记下来。

如果你发觉你的日常工作计划有点儿走样了，试着改变一下日程是有好处的。你可以时常试试在实验室晚走一会儿，或清晨特别早地开始新的一天。即使一天的工作时间还是那么多，这样做仍然会使你感觉特别好。而且，大清早或深夜里也没有那么多人打扰你。

再说说每一个阶段。就像高速公路上时不时就有里程碑一样，在攻读学位之中，有许多这样的里程碑。也许你很幸运，有一个常常检查你进度的指导老师，但即使这样你也要为自己树起一些里程碑，即阶段性目标。这些目标的截止期是自设的（“人为”的）也没有关系，关键是这些目标的确能够激励你。在最简单的情况下，可以确定哪些是可以在星期五之前完成的任务。完成这些任务肯定使你有一个愉快的周末，到这时你肯定会感叹：使劲儿工作是值得的。

细心的博士生、硕士生一定会遇到一个似乎使人灰心丧气的现实：你面前的科学，以及任何一种科学，只能以类似婴儿的步伐向前推进。的确如此，没有一个研究和实验是以其他方式进行的。学会与此一道“生活”是很重要的。认清这个现实其实有助于你规划好任务和目标：你处理你的工作“重压”，去掉工作“负载”，只能采用以螺丝刀把螺丝钉一圈一圈拧入一定的深度的方式。饭一口一口吃，路一步一步走。有

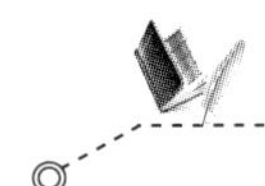

经验的研究者清楚，要到课题或项目的最后一年才会等到80%的好结果。你不妨试着问一问身边年长的研究者，他们有什么样的体会。

现在要问一问：当有意外或“不速之客”这样的事时，如何保持自己正在运行的“火车”仍在“轨”？头一件事，要学会在每一个新的“拐角”期待或留意某种耽搁和出现的问题。实际上，回头看这个办法是不错的，这是重新认识已成功的新技巧的好机会。还要记住，如果实验工作出了个大错也不必恐慌。老话说，失败是成功之母，学会处理意外之事正是你的科学训练中的一个关键内容。同时，你会有情绪十分低落的时候，克服它的最好又最简单的做法，就是与人谈谈。1980年我刚开始攻博，有2个多月时间我“卡壳”于求解一个非线性化学动力学专业中非线性偏微分方程组。在十分无助的情况下，我想到了不妨与人谈谈我遇到的问题。由此得到了好心人的实际上非专业的指点，我的信心大大增加（脑子“转”起来了），工作也有了起色。不管做什么，你得与人交谈，和谁谈都行。

（原文发表于《科技导报》，略有修改）

讲座5

学会同时处理若干件事

要得到一篇好的博士论文，你要有最坏的打算。我在攻读博士学位时，从头到尾一直害怕的就是一件事，怕博士论文写不出来，一是没有东西可写，二是写出来的不是博士论文。

为了有良好的研究进展，你得保持充沛的精神、新鲜的劲头，这样你将来提供给就业机构的是一个有蓬勃创造力的青年，一个有主动精神的人。

攻读一个学位肯定要完成许多围绕它的“小任务”，作为学生，还有学校里、系里好多事，这样一来，有一个训练就显得重要了，即你应该在攻读学位期间学会同时应付若干件事，就像弹钢琴的音乐家训练自己的10个手指头。你也许要练习若干个月，练来，练去。掌握这个本领

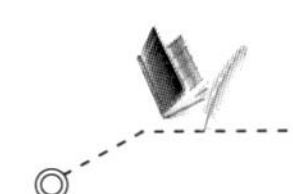

没有捷径，但也可以举出几条简单的规则。

一是凡事要有条理，与做论文有关的一切都井井有条。想一想，如果你不知道在哪儿找出你的东西，你肯定会浪费无数的时间试图找到样品、试纸、某个实验结果记录。做一个有条理的人吧，使你自己在几乎是放一只茶杯到桌子上的短时间里就能确定你要用的物品在哪。这样的高效反过来会赋予你做学位论文的一个附加值：你保持了攻学位动力丝毫无损。如果要让我对你的文件和存放物提个建议，那就是让你的文件夹和存放物有标签以及触手可及。

二是与你实验和研究有关的存货与供货要足。在计划一个实验时，你不妨制定一个确定的你所需物品的清单，并标出在哪里可以得到它们、储存它们。也许这种准备的时间要比你实际做实验的时间长，但有经验的研究者都知道预先准备的核心价值，这样做避免了在实验当天由一个小小的实验件的缺失而导致的不必要的耽搁。

三是不要希望为每一件不测事件都做好准备，这肯定浪费时间、金钱、精力。一个好“钢琴手”总是等一等，直到有十分把握可以做出是否实验的决定，此时，他才开始做各种准备。同时，好“钢琴手”对于所有在做学位论文时需要做的其他事务，也一件不丢地开展起来，还要不间断地评估这些事是否值得做下去。为此，你要在几乎数不尽的有关事务面前盯住你课题的目的不放。这就是老话说的，不忘初心。

四是记住偏离目标是很容易的。有时候放弃一个方法只是因为看起来它较为困难。然而这个方法可能就是你所需要的。这里就要引用到一句名言：思想要解放。我建议你大胆地试一试，让自己具备一个开放的心胸，以及开放的眼光和开放的耳朵。

五是制订计划要实际，不要把一天内做不完的事务都列入计划。傍

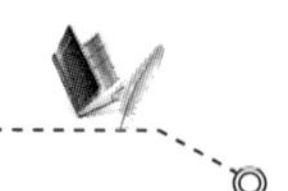

晚，当一天的工作刚完毕还挺新鲜时，做一做第二天的研究计划。

在练习科研“弹钢琴”时，最好一个时间做一件事，做好它。先在无关紧要的事儿上练一练。如果你已经有信心，不妨从平行地做两个实验开始，接着3个、4个。记住，安全第一。只做安全的实验，起先慢慢地做，做好它。急匆匆地做，做得太多，会带来灾难。

最后说一句，如果你得到了实验结果，要确保实验输出已经达到了发表它们的质量，否则到要写论文时只能重做实验！

讲座6

保持对优秀文献耳聪目明

无论科学家怎样勤奋地工作，科研项目的进展通常就是那么慢慢吞吞的。但是，今天全世界科学家的人数已经难以计数，规模巨大，这就意味着要对这支庞大的队伍所产生的科研成果保持耳聪目明，是一个十分巨大的挑战。作为一个硕士生特别是博士生，你的目标除了在你的研究领域成为世界级的专家，别无他求。你必须了解你的研究中的各种资料。你的计算机文件夹中装满了一篇一篇数不清的下载论文，这是你现在最经常碰到的场景。你经常会面临的另一种场景是，一大堆一大堆复印来的文献，稍有不慎，它们就会变得乱七八糟。一旦你真的面临这样一大堆一大堆并没有阅读过的学术论文，你绝有可能再不会从头到尾一篇一篇地阅读。为了达到课题研究工作中有价值的阅读，你要有一些实

用方法。养成了持续不断的高效阅读习惯，才能够说你已经使庞大的处于日益扩展之中的科技文献显得有了点儿管理性。

要训练自己具备进行日常文献搜索的组织能力。搞一次文献搜索是不难的，你会收集到许多文献，但要注意两次这样的文献搜索之间的时间不要太长，你会因为收获太丰而使这些新学术论文在一个星期内根本不可能阅读完毕，计算机文件夹中的文献越来越多，桌子上一叠一叠没有阅读的文献就这样越长越高。你等着一种并不现实的奇迹出现：有一天你会碰上这么一篇文献，看了它，所有别的文献都不用看了。在科学研究中，这样的事是不会有的。《科学引文索引》以及学术期刊数据库，比如各高校图书馆广泛使用的检索光盘和在线检索都使文献搜索这块难啃的骨头成为香喷喷的蛋糕。但是，不管这些软件有多好，不管网络检索有多么方便，你仍然必须清楚准确地知道你要搜索的对象。编写一个确定的关键词或主题词清单大有益处，在你于清单中写准科学词汇之际，也别忘了写上几个知名专家的名字。现在，你的下一步就只是要记住到搜索工具上去“调出”所有新的论文。这种周期性的“突击”正是及时应对“文献爆炸”的好路子。有一些期刊每周利用电子邮件免费发送论文，可以作为到数据库中搞一次“突击”的补充，保证你始终得到新的文章。如果这是一个你所在科学共同体发表论文的主要学术期刊，这种方法是十分值得的。但是，预订这样的期刊过多的话，你的电子邮箱马上就会因为像挨了一串炮弹一样显示没完没了的论文页面，你可能根本不会想起来哪怕是瞧一眼这些页面。

说你的搜索工具局限太多，你可能会嫌这样的担心过于唠叨，但是请记住别忘了时不时地强迫自己到图书馆去一去，让你的本能引导你走到专业书架之间。要到真正的图书馆去，浏览相关学科的学术期刊和书

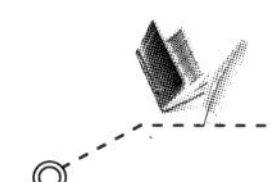

籍。要知道，专业领域中真正可靠的知识不只限于在 Google 网站上搜索。记得我常常去利兹大学的图书馆，在书架之间常得到意想不到的相关收获。这种运气有多好！厚重有深度的内容还是需要通过书籍传播，许多优秀的科学家还是习惯从书籍当中获取人类对世界的深度思考和认知。

在你从事一个新的专业研究时，得到该专业相关图像的另一个快捷的方法是从你手中已有的 10 多篇“顶级”学术论文的参考文献开始搜索。同时，你还可以从最近发表的综述文章开始搜索。从相关的引用关系开始搜索，会带来完美的文献追踪。在这件事上，英文版的《科学引文索引》功能最强。在我开始博士论文研究时，就是从我导师发表在《英国皇家学会会志》等期刊上的 10 多篇论文，利用《科学引文索引》，漂亮地完成了文献搜索。《科学引文索引》给了我这样的好处：它的结果包含了与我开展相同课题研究的专家最近发表了什么论文。你如果会这么用《科学引文索引》，你就会比别人更接近课题前沿，因为许多研究人员并不关心它的这一功能。有些实验室在网站上公开与自己专业相关课题的本实验室和其他实验室的学术论文清单，这就更好。

现在就得谈谈阅读了。你打算把收集到的论文都看一看，你要的其实是“时不时地阅读”。你从计算机上下载了论文，你也许希望把论文打印出来，放在桌子上。如果这样，绝不要使这堆论文在没有阅读的情况下“长”得太高。很快你会忘了这些论文究竟有用没用。在学位课题研究中最坏的“鬼怪”恐怕就是这样一堆论文了。简单的做法是把这一大堆论文分为“基本的”“有时间可以读一读的”以及“天知道我为什么要打印这一篇论文”三类。这可以帮助你把论文放得更为有序，使你可以较为容易地找到你需要的论文。另一个方法是在计算机中把各篇论

文的 PDF 分分类，不一定要把论文打印出来，也可以在计算机上阅读。

即使经过分类，必须看的论文也可能还是一大堆。如果你平时看书速度慢，那么提高你的阅读速度是第一件要事。常练练使自己一眼能看半行甚至一行，避免老看同一行字或短语。你可能不会意识到，其实许多人会反复看同一行字或短语。随着你的阅读速度的提高，你的理解能力也会提高。这是因为完整句子比起零碎的单词，对你的大脑会产生更有意义的刺激。经过练习，你会发现你在阅读时会有专门关注的技能，你不自觉地关注那些可以敲响你大脑中要你慢下来仔细阅读的“闹铃”般的单词和词组。对于有一些（少量的）论文，你一定会想到要坐下来仔仔细细地阅读，但你从中所寻找的信息类别不会超过个位数。如果时间太紧，不妨只看每个段落的第一句话和最后一句话，直至阅读到与你所需最相关的那个部分。这里也可能是作者放入最优资料的地方。

找个最适合你的时间和地方进行阅读。当然，如果已经太累了或者根本看不进去，就不要阅读了。最好的阅读策略是在得到最重要的新学术论文时，趁热很快很认真且稍带欣赏性地阅读一遍。这样做，至少使你在更为详细地分析这篇论文之前有了认真的一瞥。这样的快速阅读能力也可以使你有一种警惕：避免我们常常会遇到的尴尬情况，即有影响力的同事嚷嚷某篇被炒热的学术论文大家都得看一看。我们应该学会挑剔式的阅读。每一次阅读都可能导致很长很长的“路”。是优秀的论文就要多读几遍。另一些不太起眼的论文读不读？背景资料读不读？都要以某种方法读一读。比如在办公室或实验室挑一个静静的地方，利用两个实验之间短短的 20 分钟休息之时阅读一些不紧要的资料。抓紧时间进行阅读的话，你一定会惊奇地看到，在若干个星期这样的时间之内，你的阅读积累已经使相当多的学术论文及其要点进入了你的大脑。上世纪

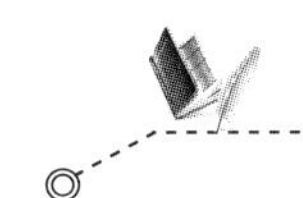

80 年代初我从利兹大学回到北京工业学院（北京理工大学旧称），认识一位十分典型的年轻学者，他给我的烙印是，他时不时地就在学校近旁的国家图书馆阅读专业的新文献，他很快成为一个什么问题都能解决的学术带头人，了解很多发展趋势。

（原文发表于《科技导报》，略有修改）

讲座 7

初次写报告是为了想明白科研目的

如果你已经进入了攻读学位的最初阶段，导师或者学校可能会要求你写有关研究工作的进展报告。这时候博士生或者硕士生往往会想：我有什么好写的呢？你这样想是因为你的研究才那么一点点，你觉得这么一点点怎么写呢。但是根据我的经验，即使研究的东西才那么一点点，也肯定有丰富的东西可以写。“东西是有得写的”，我总会在心里盘算可以写的那些道道。因为若问一下：真的没有什么可以写的吗？那么答案不会是否定的。我会告诉我的学生，在学位论文研究工作的第一年，你收获和积累的绝不是盼望中的结果，相反，第一年往往是学生在实验室研究工作正常开始之前处处碰头以至犯错误的时期。当然，对有些人也许会有些例外，这些人或者在前期读书时把可能的错误已经走了一遍，

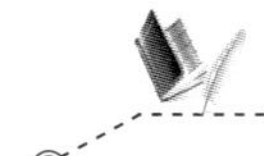

或者在攻读眼下的学位以前已经有了丰富的就业经历。

先不说刚进入实验室好几个星期的混乱，在你做研究的第一年你有什么可以说的呢？没错，作为博士生或者硕士生，你一时心里没底。但大多数学生很快会认识到这样一个进展报告或者年度报告，实际上是自己攻读学位的“转折点”。再者，你会发现，写作实际上使人那么陶醉。无论是以学位论文的格式，还是以期刊论文的格式，你被要求写或长或短的进展报告，不管这个要求会产生什么样的挑战，请你记住，这是你第一次有时间考虑而且必须考虑你迄今全部的科研行动，你要想明白已经做了什么、为什么要这么做。

如果你还没有做多少研究甚至还没有做真正的实验，那么从“实验材料”和“实验方法”开始写进展报告，是可取的。这是论文中相对容易写的一部分，且不至于写成长篇大论。这部分在导师或有人问到你的研究方案时显得特别有用。记住，这部分只写你如何完成你已经做的工作，而不是为什么这样做。

最难写的内容之一当属“引言”部分。在这里，你要讲清楚为什么你的课题值得你花费 3 年或者 4 年的时间，还有为搞研究所需花费的经费。你可以在引言中尝试着描绘这样一个图像：你试图在浩瀚的文献资料中填补一个空白。

可以肯定，在已经过去的岁月中，哪怕只是最近的 10 年之中，与你的课题相关的学术论文已是过多了。时间越久，文献越多。那么，从哪一年开始讲课题？你可以开出一个最短的文献清单，它们应该属于你必须提到的里程碑性质的、基石性质的、标志性的优秀论文。围绕这些重要的学术论文，撰写你的引言。最近几年，我和学生们在做着一件叫作“学术链”或者“学术评论句”的研究，就是为了使引言中出现的重要论文是准

确的、公认的。不要在引言结束时给出过于丰富的参考文献清单，以至于没有人会相信你真的读过这些文章。请注意，列入参考文献清单中的论文意味着你已经阅读（参考）过它们。在每一个重要的观点上，你只需给出1~2篇关键的参考文献就行了，且最好是那些影响因子较高的学术期刊（它们通常是优秀的期刊）上最近所发表的文献。

引言写到这时，你会发现你仍然徘徊在“结果”如何写。“结果怎么写啊!”就像一句台词反复从台上传来。这么早写结果，实际上你已被允许把已经得到的结果进行详尽阐述。如果必要，你可以把细节写得稍稍有点过分细，从而把迄今已经得到的结果自豪地写出来。例如，结果中可以包括一些近期研究中预备性实验的结果，或者设计一个新的表格或图，让读者（老师或其他同学）能解释你已经得到的结果。试着把结果归并或分类，给个小标题。它早晚会成为你学位论文的某一章。甚至设计一些表格把别人的同类结果与你的结果放一起，让读者（老师）可以作比较。在学位论文的第一年就总结自己的结果的确有难度，且当年的一些结果极有可能最终也不会在学位论文中出现，但这些工作促进你的研究与思考。记住只是一个一个描述结果，描述完一个，再描述下一个，此时不必有“讨论”。

进展报告中要有“讨论”，这是最表明你学术水平深度的地方。“讨论”这部分是你向读者介绍在课题所限的范围内你做了什么，然后说明这些结果的意义。在做论文的早期，“讨论”是一件难事，极有可能成为有关你下一步工作的思考的“垃圾”堆。在列举许多不同的实验工作及结果时，如果你没有找到这些信息中的某种“线索”，简单罗列它们肯定会使你自己不满意。试着深刻地想一想这样一个问题：在我有限的时间内我能够实际地达到什么目标？过不了多久，你就要把攻读期间一点一滴的工作串成一个整体，即学位论文草稿，且撰写工作天天会有

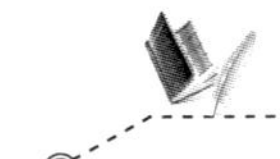

（如果要按时完成和提交学位论文）。最好把明显必须达到的研究结果、明显要做的实验研究写得非常详细，简单提一提具有“风险”性质，即有可能用不着研究的其他情况。

有时在学位论文答辩中会出现这样的情况，即答辩委员十分认真地发表意见，把你实际上认为并不重要的另一条研究路线，大加赞赏。这当然会使你吃一惊，但所有的人都会马上明白，事实上你自己也已经在“讨论”中提到了这条研究路线。这里的窍门有点儿像打高尔夫球，弄清楚高尔夫球的穴，也许在这个阶段这样的“穴”有许多，在“讨论”中都要提一提。在你最终的学位论文答辩中，这些“穴”往往会引导答辩委员对你提尖锐问题。

写完进展报告的“讨论”，不要忘了写一段“结论”，简明扼要地说明你的报告的要点。养成不写结论总感到研究工作并不完整的习惯，会使你的抽象思维能力不断得到提升，引导你走向成功的科研生涯。在最终完成进展报告以前，还要写一个“摘要”，虽然它是报告中最短的一部分，却是最重要的一个部分。

这是你攻读学位第一年的进展报告，它是你学位论文或最后一年进展报告的一块“跳板”。记住，时间很快会过去，你撰写学位论文或者最后一年进展报告的时间一定会来得比你的期待快许多，第一年末写个进展报告无非是为你最终的期待建造一个“山下营地”，以便你很快攀登上科学的高峰。你还要记住的是，明天你就要成为科学技术的研究者，“写作”将会是跟着你的一辈子的工作，成为你学术生命的一部分。从这个意义上说，第一年，不难。

（原文发表于《科技导报》，略有修改）

讲座8

口头报告并不只是细心准备幻灯片

成功的口头报告并不只是细心准备投影用的幻灯片。请记住，这仍然是一次十分重要的脑力劳动。经常看到博士生或硕士生准备第一次口头报告时焦急而又不知如何办。我想大家都不会愿意在导师让你做口头报告的头天晚上睡不好觉或在睡梦中惊醒。

你一定还记得你在高考答试题时的情况。很显然，那时你情绪饱满、动机清晰，力争得到好分数。但是，如果你的心情因此过于紧张，你的临场发挥就会受到影响。做口头报告时也一样，渴望给大家一个好印象的心情会使你丢掉一些该说的，说错一些不该错的。还有另一个极端的情况：你在口头报告前做了许多次练习，到了第二天要做报告时，你又轻视这次口头报告，觉得好像也没有什么了不起。认真分析起来，大多数学生大概处在这两个极端状况的中间：既不过分紧张，也不过分轻视。值得推荐的是，这两种状况你可以都具备一些，而且同时应用到你要做的口头报告之中。也就是说，你登上了一架飞机，但你既是“战斗飞行员”，又是“头等舱乘客”。在认真准备口头报告之后，这种不寻常的状况是可以达到的，至少这一次你肯定行。经过较长时间的口头报告实践，你的口头报告无论从哪个角度，都会达到可以获奖的程度。

在做口头报告之前，应该注意哪些问题呢？

在你做任何准备之前，先想明白你在课题中究竟有什么发现？十分仔细地挑选挑选哪些要讲出来？哪些不用讲出来？尤其要好好想一想，在已经得到的结果中，哪些是“单薄”的？显然，“单薄的结果”往往首先遭遇“攻击”，口头报告的时间一般不长，你不会有充分的时间把结果解释完美，即使你非常看重与这个结果相关的实验，你也得勇敢地略过它，甚至根本不提。当然，若你研究中的某一点正等待别人的看法和建议，那么在口头报告中，要让听众明显感到你需要反馈。大家了解了你口头报告的风格之后，肯定会有人在报告之后和你谈一谈。

充分了解你所讲课题的各方面知识。你站在讲台上，听众都会把你看作本领域的一位“专家”，听众中会冒出一些超出你的研究工作的问题。也许，你真心希望通过自己的口头报告“镇”住听众，避开这种情况，但只有直接承认你不知道才是最好的回答。记住，当你被听众的尖锐问题所笼罩而无措时，你在阅读上的欠缺是十分明显的。答案是：阅读在先，不要遗憾在后。如果实在没有时间阅读所有的论文，不妨阅读论文的摘要，以便知道信息梗概和关键词。能够说出一些关键词作为回答，也许还能挽回你做报告当天的“失败”。

口头报告也需要计划计划。一个“三步曲”的老套套是管用的。先

告诉大家自己今天要讲的是什么，再把它讲出来，最终告诉大家自己今天讲了什么。若要保证自己的口头报告能让听众明白，就得使报告的幻灯片吸引人。一旦听众的眼光开始“做小动作”，你的信息就只能靠他们的耳朵产生作用，然而，耳朵在使信息进入大脑方面远不如眼睛有效。请记住，不要让一张幻灯片停留太长时间——不要要求听众很长时间看一张幻灯片，也不要要求听众在现场阅读太长的文字。以英文为例，在一张幻灯上放 5 行英文，1 行 7 个英文单词是最合适的。把幻灯片上的图像打印在大小刚好占满一张的 A4 纸上，放在地板上，你站着看它不累，说明这张幻灯片的字的大小、多少或者信息显示密度是合适的。没有经验的学生经常犯的另一个“雄心壮志”式的错误是，期望自己能在 10 分钟内讲完 100 张幻灯片的内容。这不可能，6 秒钟换一张幻灯片，你想一想是不是转换太快？一个经过专业训练的电视/广播播音员，1 分钟以正常速度只能读 160 ~ 170 个字。也不要寄希望在做报告时完成从 100 张中挑选 10 多张的任务，这应该在做报告前准备时完成。从许多成功的口头报告看，把自己的研究工作，讲成一个小小的编年史式的故事是合适的。在其中夹带些许画面上的或声音上的花絮能增加报告的吸引力，帮助听众对你的报告产生兴趣。

多一点专业和职业意识。不要让人从你打开幻灯片起就打下你是一个没有经验的新手的烙印。若这样，他们为什么要坐下来听你的报告？科学技术工作与许多其他职业一样，都像运动场上的一幅图像，人们熙熙攘攘，不会对你有所注意，直到号令枪响起，人们才会看究竟谁跑了第一。今天，多数学术报告用微软公司的 PowerPoint 软件（即俗称 PPT）做，与其相配的投影仪到处都有。早先我用的是地道的幻灯片，做报告时极担心幻灯片放出来后图像是倒的，PowerPoint 没有这个问题。以前，我为了怕CD或移动硬盘临时出问题，就把PowerPoint做成彩色的透明投影片，出差或外出做报告时备带着，但这需要会议提供透明片投影仪，这个设备已经不太见了。有时候，你也能看到即使是有经验的学术会议主讲人，碰到打不开PowerPoint软件，在台上急出汗来的尴尬情形。

做口头报告之前练一练，勇敢点，大声念。我有一位早年的博士生第一次做口头报告，由于声音太轻，把他的其他努力都掩盖了。这样不合算。后来到他的博士论文答辩时，他信心足了，声音也响了。为了把握好时间，你有必要在练习时多进行几遍“彩排”。写下你准备说明的每个字不是好办法，在做口头报告时你就会被它局限成“念一遍”。这样的报告是没有味的。也不要把要说的每个字放到PowerPoint幻灯片上，照着念。因为已经投影出来了，就没有必要再照着念了，看的速度比你念的速度快多了。较好的做法是，在你认为满意的PowerPoint幻灯片内容的基础上，用自己的话讲解它，但不重复说投影出来的文字。如果有一些信息不在投影出来的文字上，怕忘了，你可以加黑打印针对这一页的提醒词以及你要说的其他信息。我指导博士生做讲稿时，通常要求他/她把A4纸的上半页放投影出去的幻灯片图像，下半页打印提醒自己的文字，避免在做报告时需要不断地寻找下一句话的位置。你这样做用不了一两秒钟就能找到准确的位置，看起来就像你一边和听众交谈，一边像你扫描听众那样扫描了一下讲稿，这就显得相当职业化了。

充满信心做口头报告。现在，你的准备已经充分，剩下的一件事就是做报告。请记住，做报告是一件脑力活。如果你做的是一个短报告（一般导师都这么要求），你也就有20分钟。在上讲台之前，应该下意识地释放一下你的紧张情绪，喝口水，跟人说句话。站到了讲台上，就

要信心十足。试着在做报告时，情绪既紧张饱满，又轻松活泼。为了达到这个目的，你在做报告前一定要练一练，体会一下这种感觉。我祝你第一次口头报告就十分成功。

（原文发表于《科技导报》，略有修改）

讲座 9

写论文要聚焦科研的成功之处

博士生、硕士生在进入课题研究后会感到总是不想动手写论文。搞科学研究让人筋疲力尽，而这又恰恰是推进科研、得到成果的伴生物。即使每周 5 天全力工作，也只是使科学技术总“房产”中多了几个平方厘米。多数科研人员总是被一股力量推着回到所从事课题的狭小专业范围以内，专于此，长于此。请记住，应该迅速发表你所发现的科学技术成果，否则，这个虚拟的“几个平方厘米”的“房产”只是幻想。不发表研究成果，你肯定会发现自己所拥有的科学技术“房产”，大大少于想象中的。迅速发表科研所得，除了其他科研人员会从你的成果起步得到新的启迪，由于学术论文得分，你的事业愿景还将增加积累，这有多好！相反而言，大家都不发表论文，你所在高校、研究所的科学研究地

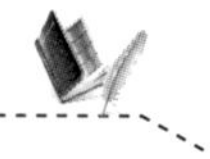

位可能会逐渐消失。你一定不会希望这种结果出现。

有的学生会说，等一等再写吧，我在核查我的结果，或者我还要积存一些结果，以便给影响因子高的期刊投稿。这多少是合适的。但是，有的学生因为“陷”入使课题走向“深”处的希望，而不把已得到的结果与发表这些结果的主意联系起来，也有的学生总觉得做实验比在键盘上写论文要容易，而且重要。这些是否合适呢？不坐下来发表结果，实际上正在忘记我们研究的目的。你一定记得，当爆炸性的新数据出现于学术会议讲台上，加上一堆幻灯片（PPT）和花花哨哨的装饰性文字图像，产生了强大的吸引力，我们都屏住了呼吸，瞪大了眼睛。但是，除非学术论文最终出现于科学共同体眼前（也就是学术期刊上），又有谁真正相信这些新数据呢？我们会说，也许他们没有能力确认这些（所以不到期刊上发表）。

如何及时、快速地写作论文呢？

要以成功之处作为聚焦点。赢者不能只记住使科研有起色的起初一两次实验，它们可能并非最重要。请注意积累和发展对那些有可能使自己得到一篇厚实论文的重要问题的认识，尽管它们可能在求解中非常困难。

准备一些曲线图。一旦得到一个可发表的结果，马上就做一个曲线图或者数据表格，同时写明标题。什么是可发表的结果呢？首先，它是能够引起你的导师关注和兴奋的可重复的结果；其次，它是你确信为“真实”的结果，因为你自己已经证明了它。不马上做出曲线图来，你有可能在一段时间里不再理会这些结果。这样做，不仅使你在计算机上随时使用 Excel 和 Photoshop 这些功能软件的半个小时不再是“虚度”时光，得到了成果，而且还避免了一个令人害怕的思想，即等着在某一天

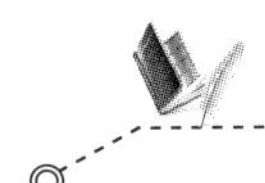

把所有的图表都由草图草表准备出来。不马上做出来的另一个缺陷是，如果你得到的是有待挑选的许多相似的结果，你也许会“哄骗”自己早晚有一天有空时再返回到这些相似结果，挑选最适合展示你研究的结果作曲线图。实际上你可能做不到，你“等”的这一天会迟迟不来。你还是应该在得到结果的当时就选择好这个你中意的结果，并且牢牢地相信这就是最好的结果。

整理好参考文献。你开始写论文了，我的经验是在动笔之前，再用半个小时、一个小时的空余时间，把要在“引言”中用到的绝大多数文献和资料放在一起。如果你幸运的话，在你的研究领域肯定已有许多文献，这些文献的“参考文献”几乎涉及你研究领域中的方方面面，把大量最新的“参考文献”用作你的论文的参考文献。多数优秀的学术论文都具有这个功能。这大大减少了你搜索文献的工作。我在英国利兹大学做博士论文时，就享受到了这种文献提供的恩惠，几本专著、4 篇综述文章以及导师 Peter Gray、Terry Boddington 近年发表在英国皇家学会会刊上的 10 多篇学术论文，这其中所列的参考文献，几乎包括了我所做课题的全部经典的以及最新的文献。请记住，不要与它们失之交臂。同时，必须至少读一遍你引用的文献，读清楚其中的任何一个细节。你的论文后面所放的任何一篇论文，是你“参考”过的，所以才叫“参考文献”。

记住自己的目的。经常提醒“自己早上起来就写学术论文”的目的。即使你其实并不清楚这是不是攻读博士学位的最后一篇论文，也要提醒自己写论文的目的。我们高效的大脑思索能力中，会产生一个接一个的“打算”，写论文是一个极好的打算。你怎样才能从脑子中取掉这个打算，动手开始下一个打算呢？办法只有一个，记住这个目的，写完这一篇论文。

暂时去掉实验室的影子。你现在明白了上面这段话的含义，但你还必须跨过另一个“篱笆”：说服自己，使自己放心地意识到在实验室（研究室）中你现在处在一个并不紧急的时刻。我经常看到的情况是，学生们总是在实验室中。“实验工作太忙了”，他们会说。是的，在许多工作毫无头绪、特别是工作有点差错的时候，实验室工作几乎让人疯狂。在许多时间里，下一个实验看起来总是马上就要完成的样子。但是，即使是在竞争十分激烈的某个科学技术领域，工作的进展其实也没有这样快。找时间写一篇学术论文，其实和找时间参与一次有意义的旅游一样，需要一种宽广的眼光。也就是说，你必须有一种眼光：你的工作不会因为你的一次旅游而停止了。许多人有一个体会，旅游反而增加了工作效率。在你写完一篇学术论文的时候，你很有可能自信心大大增强，研究工作有了更多起色。

设定一个截止期。请记住，要是从实验结果明显看出来在同一件事上还有6个月左右的实验等着你做，你绝不可能在Nature和Science上发表论文。你只能写已经得到的。最好的办法，是挑选一个严格的投送论文的截止期。借助于这个办法，你会把除写论文以外的所有事都放下。这样一来也容易让自己的注意力集中在实验结果之间的联系或间隙上，避免了自己被毫无关系的实验路线和方法所吸引，这种情况经常出现。

（原文发表于《科技导报》，略有修改）

讲座10

学术论文就是你为自己的结果说好话

认真推敲的句子是一个极具威力的交流手段。有一位文学家说，文字的力量首先构成了读者停留的理由。然而，作为初次尝试撰写论文的作者，与写一篇学位论文相比，写出一篇论文肯定要容易些，人们会为此而宽恕你。诚然，写几页文字总是比积累数百页文字要容易。但是，论文也需要质量，质量来自一定的数量。一篇好的文章，与相应的一篇学位论文相比有可能用去一段相当长的时间。再者，一旦写成，还要有较长一段时间你才能得到论文抽印本。

用相当长一段时间，琢磨琢磨，在你酝酿之中的论文中应该包含什么，什么是论文中要反映的主要信息，在自己得到的结果中，哪个结果最支持上述问题的答案。把已经得到的结果选择出来，列一个清单，你

恐怕会发现你的结果并不全，或者你的数据、图表、统计分析也达不到可以成文的程度。下一步思索一下你的论文的边界，但不要在论文内容取舍上犹豫过久。不管你最终决定了什么，你一定期望你的合作作者、论文编辑、论文审稿人会提出要求，说你的论文还要包含一些内容进去。事实上，在导师 Peter Gray、Terry Boddington 和我 1982 年发表的我的第一篇学术论文中，在我得到的许多结果中只有一个数据被写入了论文。所以，写论文一定要有明确的选择性，只有十分相关的材料才被写入论文中。请接受这样一个概念，那些在你头脑中认为足可以写出一小节的思考，也许最终只是印刷页上的一句话。另一个令你十分生气的事实是，你辛苦得到的某个特殊结果，最终并没有被写入论文中。

在开始动笔前，注意把所有插图和表格准备好。接下来把论文的要点一一考虑清楚，没有这些要点，你恐怕不可能期望写出有意义的文字来。要点要十分简单，且十分明确地标上“一、二、三”等序号。论文中不要有一句话是含糊不清的。尽可能多地把非主要文字从论文的正文中拿出来，放到“方法”这一节或插图和表格的标题以及图注、表注之中，例如“所示实验装置的各个部分名称”这样的材料可以不必写入正文。正文中只写研究结果中的那些“坚果仁”和“过筛的谷子”。这给了读者一个自由：如果他感兴趣，他会去关注那些额外的细节，否则，他可只读正文。这样一来，你的正文也显得流利多了。时不时地提醒一下自己，把结果这一节写简单一些，其含义其实就是把你的笔墨主要用于描述清楚你得到的图、表的含义，除此之外再没有什么了。请记住，即便是一个老练的研究者，解释研究结果也始终意味着一个巨大的挑战。在解释结果时，丢掉所有有意无意的“假设”，除此以外，要“解释”所有的结果。请记住一个事实：在这篇论文上，你是专家！不会有

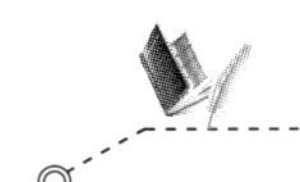

人了解得比你多。

“引言”这一节放在“讨论”这一节之前写有一个好处，即你始终十分清楚研究将处于本课题大背景的哪一个位置之中。另一个十分有益的做法是在写“讨论”这一节之前，重新读一遍“引言”。这也就是不忘初心。这样做有助于避免工作缺失，也有助于避免论文中出现矛盾。准备发表的学术论文不是年终工作报告，你的引言要扼要，要达意，且围绕要点。引言中只严格使用非常相关的文献资料。

对于你的结果，大多数科学家关心他们眼中你的结果意味着什么，甚于你说的这些结果意味着什么。既是如此，“讨论”这一节就是你论文非常重要的部分。只有在这里，你才得到了为你的结果“说好话”的权利。如果你确实相信自己的论文是准确表达了结果的，你显然希望读者接受你的结论以及你的结果。请记住一点，夸大自己的结论是十分容易的，但你在无意之中远离了真理。下个决心吧，永远做一个严肃认真的讨论者。任何对结果的意义的夸大，都会被你的导师发现，你最终会认识到，在“讨论”这个地方，并不是你应该“激动”的地方。在你当天的“食谱”中，应该只有“严肃”和“心胸开放”这两道“菜”。试着讨论所有可以合情合理解释你的结果的方方面面。如果怀疑自己的解释言不达意，就让你的结果自己说话。对于第一次写论文的人，别忘了，你首先是写给编辑和审稿人看的，他们会比你明白得多。

（原文发表于《科技导报》，略有修改）

讲座11

学术论文稿件被录用需要有耐心

你得到了论文的第一稿，这意味着你实际上完成了论文最难的工作。实在说来，余下的事，无非就是根据别人的建议（或要求），对论文作一些修改。一旦写成第一稿，应该马上交给导师，最好说服导师在电子版本上用红色标记修改你的论文。作为一个没有经验的作者，你着实需要他们的批评性输入。在我指导的博士生中，最初写论文时的不足，首先是不懂论文的结构和组成；其次是不知道如何开展讨论；第三是把局部当成全局，喜欢把所有的结论往十全十美的方向说（使用的语言太“满”），比如说，实际上只有一两个人，他会说是“许多人”，实际上只是“好”，他会说成“很好”“非常好”，诸如此类；第四是不会写结论，一种情况是没有抽象能力，提炼不出结论来，另一种情况是不知道

结论是什么样子的，写出来的结论与讨论基本没有什么差别。导师的反馈也会有两种情况，一是他会说“你的结果不可能支持这个结论”，这时你最好做这样的回答：“是吗？我以为可以支持它。”二是他会问你：“你真的认为‘结果表明……’吗?”或者“你真的认为‘从结果可以看出……’吗?”

现在你根据导师的意见修改了论文的第一稿，等待第二稿、第三稿得到许可。在寄出稿件之前，你还会碰到另一些人，即你的合作作者。当然，在稿件投给学术期刊之前，他们应该有机会读一遍该文并提出意见。记住，即使是一个小人物，他也肯定能指出一些大手笔们没有注意到的不规则之处。和一个外地（特别是远处）的合作作者打交道比与一个你隔壁办公室中的合作作者打交道，不方便得多。如果合作作者同时也在起草该论文中的一个章节，事情会变得麻烦起来，更不要说有时其中一位合作作者会在国外。这样的国际合作现在多起来了。你需要有耐心，并事先做好花费时间征求合作作者修改意见的多种准备。

随着工作经历的积累，你撰写学术论文肯定会越来越快。一般说来，第一篇学术论文会让你卷入 7 天时间。在有合作作者的情况下，最好、最有效率的做法是，只送给他（他们）图（或者还有一些表格），连带送出一份这样的文稿：文稿中只有充分说明这些图、表含义（你对图的解释）的文字，向他们征求适当的参考文献的提问性文字，各部分之间的空格则等待他们填满具有完整句子结构的说明。这样的做法，实际上也决定于你对文稿的感觉。有一点是肯定的，这样做，你在独自写作中出现的啰啰唆唆毫无价值或者过于详细的语句会得到合作者的修改，节约了时间，也会使合作者们向你反馈他们意见的日子提前。记住，没有外来的输入，你闲等在独自写成的文稿上的时间越长，你浪费的时间就越多，得到的也越少。除非你知道你正在处理的结果图在最后的学术论文中肯定要用到，否则就不要在对几条曲线修修改改，加以完善上下过多工夫，不要浪费这样的时间。同样的道理，把完善参考文献的清单和撰写摘要的工作往后挪。在向论文合作者征求修改意见时，你在最初阶段所等待的，实际上是合作者对论文框架和草稿是否满意。所以，若你对合作者有具体的希望，就应该在论文稿上你所指的地方用彩笔标出。在进入文稿的讨论这一节时，来自非常有经验以及对课题相当熟悉的合作者的意见绝对是很有价值的。作为博士生，我最初写论文时，导师们常常能从我那些未经解释的结果中，萃取出比我可能想到的要多的科学见解。

最后，在你把学术论文投出去之前，多请一些你周围有经验的人读读你的论文。我读博时，英国利兹大学物理化学系实验室有一位十分热心的高级讲师，他往往会很热情地帮我阅读论文，甚至我的博士论文初稿。给不懂自己专业的人看一看也往往有益，他或她可能会找到几处你不在意的短语错误、造句错误或者用字错误。

做好心理准备，学术论文从第一稿到最终被学术期刊录用，就算很快，也会花上几个月的时间。当你为心中已选择的那份学术期刊写成了论文第一稿，又被你的论文合作者认可，那么，你的学术论文可以投出去了。从这时开始，事儿又多起来了。从这个你所选择的学术期刊网站上可以找到“作者指南”，其中往往给出一长串非常具体的要求，这些要求在准确性方面绝对算得上过分讲究。但是，你若不能百分之百地满足这些要求，你的论文极有可能在编辑部还没有送给审稿人之前就退了回来，例如，你的论文摘要的字数不符合要求，或者文末参考文献清单的格式是别的学术期刊的格式。要在这件事上做得顶呱呱，你就得十分

仔细地阅读几篇近期该期刊上的学术论文。写得极差的论文会在被评审之前就遭到退稿，所以，要极其仔细地注意你的每一个句子是否的确表达了一个意思。

下一步请注意曲线图。如果你从写论文开始还没有把曲线图打印出来过，你可能会在打印时得到一个大大的惊奇，即这些曲线图在打印出来后，完全不像你在计算机屏幕上看到的那样。除非你已经看到了打印出来的曲线图，否则，决不要花很多时间在计算机屏幕上把曲线图一遍又一遍地优化。即使有些刊物可以在线投稿，你也应该检查一下曲线图打印出来后的效果。请记住，是学术期刊的编辑决定曲线图的最终大小，而不是你。对于曲线图，你的任务是把曲线尽可能地画实、画明了、画简单。

一旦你肯定所完成的学术论文稿是一个定稿了，那么下一步是要以导师的名义起草一封给编辑的投稿信，如果导师是你论文中的通信作者。利用写这封信的机会，说明自己工作的重要性，推荐几位审稿人，是合理的。（有时候编辑会让你推荐你的论文的审稿人，不是说他们真的会把你的论文给他们审，编辑部实际上会在收到下一篇同类论文的时候请他们审。这是保持编辑部和专家们的新鲜关系的一种办法。）有时候，你甚至可以在信中说明谁不能当本论文的审稿人，比如说某位在与你有竞争关系的学科组工作的科学家。试着向学术期刊编辑用热情但又克制的语句推介你的学术论文。

时下，绝大多数顶尖学术期刊采用在线投稿系统，这让你从打印若干份文稿又要跑邮局的劳累中解放出来。在线投稿系统往往还有一种功能，可以让你方便地了解自己的论文已到审稿过程的哪一步了。在线投稿的期刊会有对作者的一些各不相同的要求，你照办即可。无须多说的

是，在你敲打键盘发送文稿前，一定要把期刊的投稿须知了解清楚，这是你改变主意的最后一个机会。

在等待若干个星期之后，你会收到审稿人的意见反馈，审稿人通常不是一位。你一定会兴趣盎然地急于阅读所收到的反馈意见，这里给出了审稿人在看了你的论文后，对你的阐述的注解。他们是你的第一批读者，而且是有经验的读者，每一位审稿人都会仔细说明他们对你的工作成果和写作效果的中肯评价。

与审稿人意见一起，你会收到编辑的一封短信。就像大多数学术论文作者期望的那样，这封短信总是这样表述的：所有的审稿人都认为你的论文对本课题作出了一个重要的贡献，适合本刊读者的兴趣，编辑部决定发表这一论文。即使你收到的编辑来信这样说了，编辑也总会同时要求插图做一些改变，或者要求更多的实验，或者几个打字排版方面的错误纠正，或者对其中的一些结果的解释要做些修改。对于一篇被接收的论文，这样的信不是不典型的。你收到录用信是幸运的。有时候，情况比这要差。不管怎么样，你感到有修改的压力。实际上，这也就是要求你花费个把星期，针对来信作出反响，去完成一篇修改后的论文。请把手中的其他活儿放一放，你得到发表的机会是很不错的，如果错过了这个机会，你就只好开始做重新投稿所需的一切，这肯定不合算。

编辑来信经常会特别提示审稿人的一些特殊意见。为了使编辑部录用你的论文，你必须回应这些意见，并作出修改。编辑的特别提示，似乎暗示着审稿人的其他意见不是决定性的——你千万不要这样想。试着回答所有这些意见，至少是极大部分的意见。友好又热情的审稿人常常把自己的意见用数字一条一条编一下，这就方便了作者在一个时间回答一条意见。有的意见十分冗长且不分条，这时你将要艰难地概括出一条

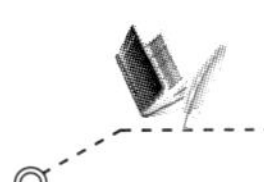

一条意见，然后作答。

这的确是件有压力的工作，你可以把所有编辑和审稿人的意见列成一个清单。首先处理那些文字、语法方面的以及比较容易修改的句子。处理这些费不了一两个小时，而且这会逐渐增加你的信心：你可以在截止日期以前完成修改工作。然后，开始突击被要求的额外实验以及其他你认为合适的修改。这里有一点需要提醒你，你实际上还有一种权利，即你有不同意审稿人意见的权利。作出这样的辩护、不作相应的修改，论文也发表了的例子是有的。为了安全起见，你要好好检查对于审稿人的每一个修改要点，是否都给出了某种程度的反应。有时候，所谓“反应”，无非是清清楚楚地写明你为什么认为审稿人的意见是不可取的。

在接到最终的论文被录用的来信后，也许你认为这下可以松口气了，而事实上事情也还没有全部完成。几个星期后，你会被要求对最终清样做一次检查和修改。在这个阶段，把经你校看的清样退回编辑部的时间也就一天左右，若你要作一些小小的修正，就须在24小时以内完成。在完成了审稿人的所有修改意见之后，在最后清样中又发现有一些字、词的欠缺，有时也的确令人有点小小烦恼的感觉。

有恒心坚持一丝不苟走完以上步骤，并使学术论文得以最终录用的作者们，是令人敬佩的。这个过程有点像一场严酷的战役。

你的学术论文也许不会制造一声“巨响”。但是，你的学术论文在历史上的地位经发表被固定后，你一定会有一种平和的感觉，你终于可以有理由休息一下了。

（原文发表于《科技导报》，略有修改）

讲座12

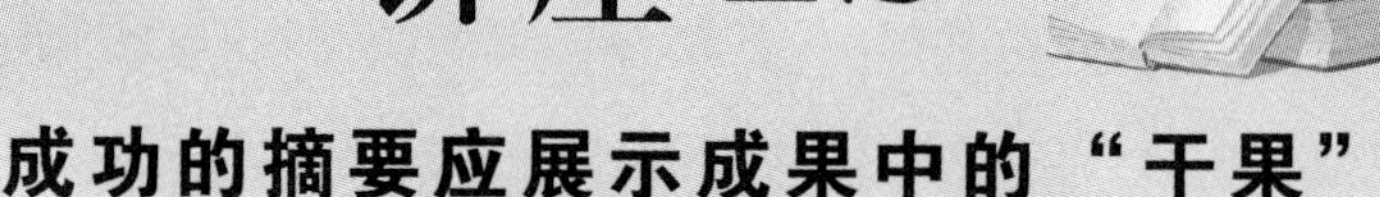

成功的摘要应展示成果中的“干果”

作为一名科学家，你是否意识到在我们之中被广泛阅读而对我们来讲又永远要写的，是摘要？年复一年，全世界的大学生们在进入本科学习的最后一年后，出现于他们毕业论文中的参考文献信息，几乎全部借助于这些短短的文字。

你肯定要写论文摘要，这个任务并不轻松。你也许在课堂上学过把论文的每一个段落的第一句话或最后一句话（因为它们是这个段落重要信息的所在）摘出来，拼成一段文字，但这不能叫研究性论文的摘要，因为这样做，你不会意识到重要的是写出来你为什么要写这篇学术论文。你也许意识到要写结果，于是你开始寻找论文“结果”一节中的亮点，修修改改，担心自己会不会低估了自己的工作。不管怎么样，你在

写摘要方面肯定期盼成功。成功的摘要，就好像以“干果”来展示你的论文精华，使你的科学发现中最有价值的地方闪闪发光。

写摘要的最终挑战是写好你的学位论文的摘要。用500或者600字写出一篇高质量的摘要是有点难度。有时你不得不把6个月的工作，转换成为10来个词，也可能有些结果永远也没有写出来。

给学术会议的论文写一篇摘要是另一回事。就像做一个论文的墙报展示，这类摘要仅仅是你工作的一种广告，不是供审稿人审看的那种。除非你内心不想让与会者到你的墙报前看，或者不想让他们提一些难回答的问题，否则，你此时的心里，总是想吸引更多的观众。另一方面，你不会让你的摘要如此“干果”以至于预先就把许多秘密公开了，或者暗示了过多的、你可能回答不了或者心里没底的问题。会议论文的摘要通常在会议召开之前数月提交，这时，你更要注意摘要的详略和吸引力。最好的摘要要产生这样的效果：让看完摘要的读者挂心，等待着在会议上与你谈一谈。

不管你写什么类型的摘要，首先简要地写一到两句关于你研究工作体系的描述，也许还带上最新的基本知识。记住，整个“绪论”部分是不可能被总结的，你只能在全文开始之前压缩或节略你的“故事”的现状。即使是在摘要中，也要严格区分自己的工作以及别人的工作，比如用“我们先前的研究表明……”或“前人的研究表明……”这样的句子以示区别。

总结出你的发现是什么。这极像你在“结果”一节中所写的情况。记住要指明你所采用的技术。“我们证明X依赖于Y”和“我们用X衍射技术揭示了X依赖于Y”是不一样的。摘要的这一节将形成最主要的部分。你可以在这里填入尽可能多的关键词。通常，学术期刊要你专门

提供的关键词个数总会很快被用完。

最后，要用简洁的描述性的术语说明论文的结果意味着什么。如果你和你的合作者确实相信你们的论文证明了一些新的东西，那么就可以使用黑体字并予以声明。通过阅读摘要里的这段文字而了解你的这个声明的人，将远多于通过阅读全文评估你的声明的人。

（原文发表于《科技导报》，略有修改）

讲座13

学术会议是你学术生命的组成部分

我们来设想一次参加学术会议的经历。以下场景，也许是你参加过的国内会议，也许是你并没有参加过的国际会议或在其他国家召开的会议。

早上7点，你发现你在一间陌生的房间里。你清楚你必须起床了，然后你会有一顿饱饱的免费早餐以及你自己选定的长长的、满满的一天会议。你认识到等待你的这一天，是一个有共同兴趣的认识、不认识的同行之间互相往来的忙碌一天。你也意识到你早有一个计划，要从这次会议“萃取”出最大的价值。你记得昨晚你与实验室同来的同事分手后，用一支颜色画线笔，在刚刚得到的会议论文摘要本上做了一些记录。至少，你已经知道了你今早希望聆听的学术报告。在上午茶休间

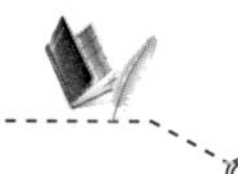

歇，你要决定今天下午你听哪些报告。在当天晚上你试着再决定会议余下几天你的选择。

现在是上午9点，你在一个巨大的会议厅中与无数双眼睛一起等待着第一个报告人的出现。你注意到一个有趣的现象：有的与会者会一直坐在同一个会场直到单元结束，而另一些与会者则从一个会场到另一个会场听不同的报告。你可能已经意识到自己从会议程序册中发现了许多极有意义的研究，以至于你根本不可能像前一拨与会者那样坐在一个会场中一动不动。以往的与会经验告诉你，你不大可能在会议之前就预先知道你将要听哪个报告，总是有一些好主意在你聆听与自己无关课题的某个报告时出现在脑子中。这样的结论告诉你，你需要以极快的速度沿着会议中心长长的走廊，赶上那里的会议厅中下一个报告。而且可以肯定，在会议的这几天中，你无疑会天天重复这样的赶场，而且还要担心时间上不至于迟到。这样做非常刺激，但也稍有压力。你唯一的安慰是，这样做，你总存在于一个确定的目标之中。如果今天一天都要你坐在同一个会场中一动不动，你会感到一丝“恐惧”。在报告进行之间，你会在相应的论文摘要下随时记下一些关键词：你可能还做不到详细记录一些细节，而且你还需要一些时间想清楚报告人这个报告的真正影响。当然，如果你不是第一次参加学术会议，你可能已经试着随时记下你希望问一问报告人的问题，或者在报告人讲完后，主持人要求时，那些需要与报告人讨论的疑惑点。顺便说一句，许多今天的学术大师，当年都曾经是在会议上与报告人认真讨论科学与研究的热心人。

现在是下午3点半了，你突然眼睛一亮。“说什么呢?”你在心里一叫。这是因为你的耳朵突然在一个报告中听到了什么，你差一点从座位

上起来。报告人刚刚展示了你的研究课题核心问题的一束光芒，你马上明白，你必须与这位报告人谈一谈以便了解更多的东西。在下一个茶休时你匆匆吞下一杯速溶咖啡，眼光直盯着你要找的那位报告人。但是在这位报告人面前，已经有一些人等待着与他讨论，你不放弃地徘徊着。最终，机会来了，你上前与报告人交谈起来。在做了最为简短的介绍后，你与他开门见山地谈到了课题。事实上你们也只有最直截了当地谈一谈的时间，但是你已有了与他的联系。在你向他谈了你的研究工作后，你也许从他的眼中看不到任何激动的表现，但他已在你回家后需要发电子邮件的新的联系人名单中被放到了最先的位置。眼下，你可能不准备在午餐时再与他讨论了，因为会议安排你的论文做壁报展示了。

现在是会议第二天的晚上，你在壁报展示单元上。这样的单元是与许多不同类型的人交往的极好方式。你也许已经预先用了几个茶休时间浏览过几遍展示单元大厅的情况，甚至已经静静地看了几篇所展示的论文了。其实大厅里人也不多，你好好地逛了这个大厅。你记下了一大串大厅展示的论文的编号和作者姓名，或者准备再详细看一下论文，或者要与作者进行交流。你还想着要留意那些来晚的壁报展示作者——你知道有些人总是很晚才把他们的壁报贴出来。在来到这次会议之前，你已经做了一些准备，记住了与你的论文有所交叉的那些题目和作者。在做壁报展示的交流时，有所准备就可能从这类交流中得到较多的收获。在这个晚上，虽然大部分时间你在自己的壁报前准备与前来浏览的与会者做交流，但你还是时不时走到别处找你想找的论文作者，与他们取得联系。你想尽可能多地找这样的作者，但你记得也要站在自己的壁报前，以便与到你这里来的与会者进行交流，你有义务回答他们的疑问。你尽

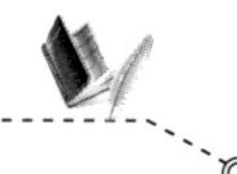

量使自己离开的时间只是很短一会儿，以便不使自己的壁报之前是空的，你注意到的确有一些作者没有到自己的壁报前来。你一定想，我不想漏掉任何一个潜在的壁报访客，至少我要的就是这些新的联系，他们大多是自己研究课题的同行，以前没有机会熟悉他们，学术会议是极好的机会。如果这次失去讨论自己壁报的机会，也就会失去他们对自己论文的反馈以及他们的新鲜主意。

又过了一天了，这时你在产品展览单元上“逛”。你可能在某个展台前停了一下。你发现许多与会者的潜规则似乎是不与展台上的人谈一谈。这些与会者一定认为坐在展台后的人们是做生意的，只是想推销他们的产品。你想，在大部分情况下，这是对的。但即使是百分之百的贸易展览，他们也会有可以帮助自己的信息。也许，你与这些人的一两句谈话，只是几分钟的时间，但你离开这个展台时，手上已经捧了他们提供的免费试验的仪器以及一些消耗品。

当然，你遇到的会议会有不同的形式、规模和地方。你不太可能正好遇到与前面描述的一模一样的场景。但是，不管你最初遇到的学术会议是怎样的情况，在你开会时，极有可能感到像一个局外人似的瞧着会议，这有时可能导致你在会议中寻找并联系那些重要学者时遇到一定的困难。记住，有机会与真正的学者交流对于你成功的一生是很重要的。因为他们是出现于讲台上的大人物，你总得首先克服一种称为“讲台恐惧”的心理状况，否则你无法和他们交流。在与他们的交流中，你的努力越多，你得到的也就越多。

如果你是一位博士生或第一年的博士后，前往开会的经费经常不难找到，一是交通费，二是注册费。有时会议给博士生是有优惠减免的。如果你能找到机会在这些会议上帮忙，还可能得到差旅费或免注册费的优惠。我带领学科组老师每年一起参与组织两次国际会议，参与会议的博士生、硕士生通过帮助组织会议了解了会议是如何组织起来的。当然，要得到不同会议的详情，就要到网站上去看一看。

（原文发表于《科技导报》，略有修改）

讲座14

壁报展示不是简单复制摘要

有些学术会议有壁报交流单元，特别是一些国际会议。作为一个学者，你一定会非常认真地制作你准备张贴的学术论文，但对于非科研人员来说，这种壁报式论文与初级中学学生们完成一个课外作业后做成的张贴画可能没有两样。事实并非如此简单，张贴的学术论文是科学共同体生活形态的本质性组成部分。这些壁报是你科学研究的一种广告，是在你的工作经历中使作为作者的你被同行们早早地认识的有效途径。在会议进入壁报交流单元后，你就会被要求在单元时间内让看壁报的人有机会见到你。对你来说，你要抓住这些陌生人的注意力，最终，他们极有可能在你的研究经历中成为你的同事、你的研究的真诚批评者、那些能够进入你的博士论文观点的提供者，甚至你将来的老板。你看，这些

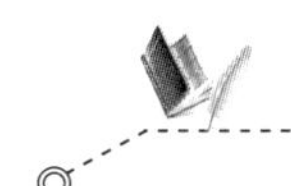

人多重要！做张贴论文时，要选择一个短的信息鲜明的标题。对于不是同一个专业领域的人，要决定是否应该看一看你的张贴论文是有点难度的，所以你的论文标题要尽可能地对具有一般兴趣的人产生吸引力。如果你的标题是长长的，想法变短它，变个写法使它是有力的，有生气的。试试再用吸引眼球的总结性文字支持这个标题。用有力的公报式要点使你要传递给读者的信息既短又十分吸引人。千万不要简单地复制你的摘要。

在多数学术会议上，代表们会得到人手一册的摘要论文集。因此，为什么要把这个摘要在壁报单元十分有限的空间资源中又出现一次呢？把摘要提炼提炼，变成一个单一的简单的要点，有利于使自己得到让读者更明确地认识到论文要点的技巧。这样的技巧在你的工作经历中某些需要推销自己的关键时刻是十分必要的。一边往下写，一边运用这种技巧把你的关键结果解释清楚。不要害怕只能选择性地写你的结果。你想一想，你总是不可能把所有的信息全写入张贴的内容中去的。

试问，是什么使你的好文章罩上了阴影，使你的壁报论文看起来不好？下一次你再参加学术会议，多巡视巡视壁报单元，找一找成功制作张贴论文的一般做法。令人痛苦的错误，是在张贴论文内容中，一段接着一段地填入文本中那些无法让人集中注意力且又让人心烦的文字。试想，如果读者真的对这些文字那样感兴趣，他们肯定会向你要论文的全文或更为详细的方法。你认为你的同行们肯定会需要你所写的这些信息，但是他们真的会在张贴的论文前认真读起来吗？如果不会，又为什么要包括这些内容呢？人们的大脑倾向于忽略大块的一时难以明白的文本语言，用照片或示意图来表述自己的意思是一个好的办法。在无法避免使用文字的场合下，把一段一段的文字删改成要点表达的形式，在今

天快节奏的社会中这是你需要掌握的好技能之一。多注意商业性广告是如何使用少量的文字和极高吸引力的形象设计来吸引人们注意力的。如果你在壁报交流单元上张贴的论文，仅仅是粘贴在架子上的学术论文全文，只能引起非常微弱的注意。千万不要这样做。

有时，在张贴论文的底部，常常会有“进一步的工作”这个短词组。这个词组的真正含义是，“如果我幸运，有那么一天我会到达那里”。眼下许多学者已经不这么写了，他们往往在张贴论文中用“当前的工作”来代替，哪怕这个工作真的要开始，也只是在几个星期之后。“当前”一词听起来更好，它表示从实验的角度看你正在精力充沛地行动着。而“进一步的”则恰恰意味着你还没有开始这项工作。像这样的思考多几个，你可以把自己保守的张贴论文变成一个非常主动的论文。

把论文内容考虑好以后，要认真筹划张贴论文的表现形式。先看一看会议给这个张贴论文有多少面积？当然你的论文贴上后，既不要贴到邻居的板上去，也不要有一块底部的板面是空白的。有的软件能做出非常漂亮的张贴论文，那就使用这样的软件。张贴论文的每一单元的内容要打印出独立的效果，不要彼此不分，也不要打印得满满的。单元的边缘、论文的边缘都留点空。事实上，没有文字时也在表达意思。因此，整个张贴论文的边缘可以留 40mm，每个单元边缘可以留 15mm。色彩要协调，其布置不要怪怪的。多用框图，并且使每一个框图排列出来后，像在讲个故事似的，甚至在必要时标上序码。把每个框图的底边对齐，不对齐会给人以“错误”的感觉。眼光顺，读者喜，也容易让读者对你的研究成果留下较深刻印象。

一旦你的张贴论文已经排好，打印出一份看一看效果是必要的。计算机中的安排与打印出来后的效果会是十分的不同。你在计算机面前认

为足够大的安排，在打印成张贴论文实际大小时会变得小小的。特别是在贴上后从1米远处观看时会感到不清楚也不舒服。在这种效果图贴上后，你不妨多招呼一些人给你指点指点。

如果科研经费允许，你可以把张贴论文打印成一个单张的壁报，并做个“敷膜”看起来光亮。这样做，在有新的结果时，修改起来不容易，这是事实。但整张的论文看起来比一张一张贴上去的壁报专业性更强一些，更容易得到好评。如果你这样做了，在下一次会议上，你在看到某些张贴论文时，可能会说他们做得不成熟。

现在你到了会议上，注意把你的张贴论文早早贴出来。这就是你的广告啊。也许，星期三那天在你的论文前指指点点的那些科学家，到了星期四晚上邀请你跟他聊一聊，那时，你什么感觉？实际上，有些国内博士生在国外的博士后岗位，就是这样（因为在会议上的交谈）得到的。

（原文发表于《科技导报》，略有修改）

讲座15

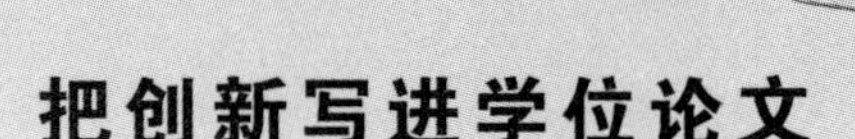

把创新写进学位论文

硕士生、博士生一定会很重视写好自己的学位论文。有的学生的确会担心自己写不好这篇论文。那么写好学位论文是容易还是不容易？就我自己而言，一方面我在开始撰写时，已经与导师合作在学术期刊和学术会议上发表了至少14篇论文；另一方面英国利兹大学化学院的图书阅览室保存了该学院历年的博士论文，使我有机会看到许多优秀博士论文是怎样写的，这样一来，我花了大约三个月写出了学位论文（博士论文）。

经过三年或四年的辛勤研究，眼看自己人生中离开学校走向社会挣工资也就几个月之遥了，你在撰写学位论文之初肯定稍有激动，就像一个即将出生的婴儿在母腹中的躁动。你首先要做的一件事，是拿出一个

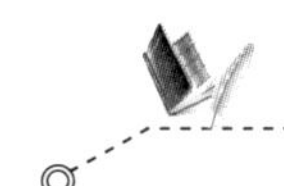

关于方法的决定，也就是如何统筹自己三四年来已经得到的研究结果，以及已经发表的学术论文。也许，你还有一些不曾发表的历年研究进展报告和总结，甚至还会有几篇写了一半又丢掉不写的学术论文。这些文件和结果，绝大多数以电子版本存在你的计算机中了。你现在需要做的是一次性地把所有这些都扫视一遍。对学位论文有用的，或者没用的，要有十分清楚的分类或鉴别。特别是你桌子上一大堆文本式的或者复印来的资料，一定要扫视一遍。这些一次性工作的目的是为了更有效地快速清除撰写学位论文时的多余之物，且把有用之物变成电子文档。你一份一份地把它们拣出来，看看它，作出一个决定，然后把它放到写学位论文时需要它的那个位置。做完这事，你的论文大概已完成一半。

然后你要做的是图和表。图和表分开做，而且一个一个地做。对每一个图表，都应准确地说明你的结果是什么。你的创新的结果就是这样写进学位论文的。可以用对图表的这些解释作为图表的标题或者说明。稍后，它们也就是你论文中“结果”那个章节的基础。用同样的方法处理你手中与学位论文有关的文献资料是必要的。试着把你从每一篇论文中已经得到的，再萃取一次（不是简单抄录），你所需要的经常就是一个简短的句子，然后把它放在合适的位置中。这项工作类似我当年插队时过春节前在田里挖荸荠（为了准备年货），看起来是一条长长的路，但当你最终回过头来突击这个章节时，只需把这些句子串成一个一个段落。这看起来粗劣，但有效。

你会担心在把大段落变为一个一个小段落时你的撰写会被耽搁。请你记住，解决方案只有一个：接着写吧！一旦你进入撰写学位论文的旅行之途，你肯定会越来越喜悦，因为你越来越专心。你的方法也会多起来。你当然可以先撰写你最熟悉的那一部分。如果你已经发表过学术论文，那就更好，你可以拿一把剪刀简单地剪下你要的句子和段落。我其实就是这么写的博士论文。很快你会忘掉最初极有可能想象的从乱画乱涂的“高见”开始写作自己的论文的景象，这种景象容易使人产生惰性。任何一篇文字，甚至只有你自己读过的文字，现在都是宝贵的。即使只为了一个句子，你也可以拿起剪刀来，用好这句话。有时你会发现，一年前闲时写下的一句话，正是你在学位论文中等待的一个难得的亮点。(这么说，平时用文字随时记下经过自己大脑的想法、主意是很值得有的习惯。)

上述工作在计算机中做起来，要求计算机可以同时打开6个甚至更多的文件，这当然不难做到。记住随时储存写作中所作的修改或增删。

你在撰写时最容易发生又不该发生的现象，是过快地进入处理大量非常非常具体的细节。琐事常常导致目标转移。插图最容易让人进入浪费时间的陷阱。为了让一个插图变成你想象中更完美的状态，你可能在不知不觉中已经浪费了4到5个小时。有一点显然你是知道的：你的图表在导师审看时可能会被改动，有时甚至是大的改动。所以，没有必要搞得过于完美，以至于当你修改又修改时，要猛然回头。如果你真有过这样的情况，那么可以说你在学位课题研究工作中把有选择的结果转换成图和表时，只是经历了一次不成功的“胜利”体验而已。要知道，这只是开头，只是最容易的一件事。很快，你学位论文中难啃的骨头就出现了。这块难啃的骨头不是你得到的结果本身，而是你准备如何“说”这些结果。你手上得到了创新的结果，但你就是不知道如何告诉大家这是一个创新的结果。你不是不识宝，你只是不会“说”宝。不会解释所得到的研究结果，是许多学生的“痛处”。而这一步恰恰就是你的学位论文能够受到导师和同行赞许的最后一步。这通常也是在发表期刊学术

论文时不愿意在其中“讨论”自己工作的意义所留下的遗憾。在学位论文中，要重视讨论自己的工作意义。

如何撰写学位论文？在讲座10中实际上已经介绍了一种特别的写作方法。但要记住，还有别的写法。那次讲座上介绍的方法隐含着一个缺陷，就是使人感到每一件事总好像没做完。不要认为这个方法提供了撰写学位论文的快速方法。任何声称可以快速撰写论文的方法，只是生产假冒论文的方法。你极有可能用1小时或稍多的时间写一个短的章节。但重要的是要“完成”你已经开始的事，即使这事也就是一个小段落。这样一来，可以避免你浪费时间重复阅读两星期以前写了一半的东西。自然，要做到这样，你对于已经写好的段落要有“认定感”，不能朝写夕变。

不管怎么说，前面介绍的方法有一个好处，即在撰写学位论文的整个过程中你的兴趣始终是浓浓的。当你整天都是做一件事时，你总会感到枯燥，失去兴趣和精气神。而在上面的方法中，你完成一个段落，又打开一个文件，注意力转移到另一个完全不同的领域。这种转移相当于一种休息。你不妨试一试这种写法。如果你干得十分有条理，你最终会迎来这样一个时刻，即虽然并不完全，但你已经给学位论文的每一章输入了足够的材料。一旦认识到这一点，你也就迎来了极快地完成每一章的时候。

你可能在学位论文的规范上遇到问题，这种规范对论文的要求从字母大小写到等式的写法十分精准，需要许多篇幅才能介绍完。有的学校对此有一些要求，但也总是比较宏观。这不是眼下本文的任务，你可以参看一些提供写作体例的著作，也可以看科学出版社出版的我为博士生（包括硕士生）撰写论文所总结的一本书：《怎样撰写博士论文》，书中

主要介绍论文格式与要求，其中介绍了通常对图、表、公式、字母、参考文献、目录、绪论、结论、讨论等内容的要求。（你可能会说，怎么会有那么多方面的事要关注？但人们说，成功决定于细节。）请记住，不同的专业对此会有不同的要求，参考一下自己导师曾经赞扬过的学位论文也是合适的做法。（我在网上也放了该书未出版前的一个电子版本，请参看 www.wuma.com.cn）

这里也没有涉及另一个范畴，它不是本文的任务，但是值得你牢记在心。现在许多学校在同意学生进行答辩之前，要把论文送出校外盲审。通不过盲审的论文，往往是同一个病症：论文反映的研究工作不足以表明你已经有了创新的结果。请记住，学位论文要有灵魂，创新是让论文产生灵魂的最重要的要素之一。或者是工作量尚不具备出现创新的结果，或者是虽然看起来研究工作的量是足够的，但研究毫无深度、毫无新意。这些导致了失败。你可能认为授予学位是一种对长期辛勤钻研的奖励。这也许符合人道主义，但推动科学技术发展是科技界的第一价值，劳动而无创新是不能被认可具有价值的。我的一位博士生没有通过博士论文答辩，不是因为他没有付出劳动（他甚至因为勤奋工作已经被提升当了某一个层次的领导），而是因为他的博士论文没有反映出研究的过程，由此失去了价值。经过几次修改，这位博士生也没有得到学位。创新不是写出来的。有人总结了15种研究生工作的创新，你不妨对此有所了解（见陈学飞等著，《西方怎样培养博士》，教育科学出版社，2002年4月出版，第17－18页）。

（原文发表于《科技导报》，略有修改）

讲座16

答辩在于了解“你是一位学者吗?”

你是如何看待自己将要面临的学位论文答辩的呢？有两种对待答辩的姿态，你是哪一种？有些学生回答说，不进行答辩，学校不让拿学位。另有一些学生回答说，我是要通过答辩告诉答辩委员会专家，我的学位论文及研究工作是值得被授予学位的。事实上，你在答辩中表现如何，部分地决定于你在进入答辩现场的大门时信心如何，剩下的就决定于你对论文答辩所要涉及的材料掌握到了什么程度。

如果你采取第一种姿态，你可能会在答辩那天出现问题。一种可能是你希望把自己三四年所做的工作一五一十全讲一遍，直到主持人告诉你时间所剩不多，你突然发现最重要的结论还需要讲一段时间才能出现。另一种可能是你在答辩委员提出一系列问题时，感到十分被动：他们提出了远超出你实验之外的问题，你从未想过。你的语言失去了流利之势，心里十分慌乱，甚至会有答辩委员开始怀疑：这工作是你做的吗？这样的情况在我参加过的答辩中都出现过。

在中国各学校目前的培养方案安排下，答辩前你会从两个方面得到对你的论文的评价。首先是你的导师的审看。这是得到对你论文反馈的最有价值、最直接的机会。导师了解你做的课题，他会给出一种与你论文相关系数最大的修改意见，你最好把导师的每一句话都当回事。导师不是法官，此时的任何申辩只有一个结果：你失去了为自己准备的黄金一样的修改机遇。然后，你在把学位论文送评阅人时会得到评阅人的意见。有的评阅人熟悉你的课题，有的不是很熟悉，通常他们会从不同于导师的角度提出对论文的评价，而这些问题往往会在答辩时再次出现。但是，不管怎么说，对你论文评价的最重要的人物，是你自己。是你搞的研究，不是论文评阅人和答辩委员，甚至也不是你导师——他指导了你的工作，尽管在许多重要的方面为你投入了力量，可能还一起做了实验。你也许在心里说，我的答辩能否通过，决定于这些人的评价。是这样的，但你只讲了故事的一半，这个故事的另一半是：你在答辩中的发挥，是帮助答辩专家做出评价的“指挥棒”。

在第一种姿态下，你在进入答辩现场的大门之前，不妨有一个小小的计划。一是树立信心。记住自己比其他人要“专业”，是本课题的专家。二是要充分和彻底地了解自己的学位论文。不妨想象你正在为一次出庭辩护准备证据或为招聘想词儿。三是要有学者的味儿。做学位论文特别是博士论文的目的是要进入学者们的圈子，即你所在学科或专业技术的科学共同体。四是在答辩中要坚守自己知道的那些事。要记住其他的领域对你来讲是“沙筑的城墙”。五是不妨问一些问题。向答辩委员

会作提问式回答给人的感觉是你正在热心地填补科学中的某些空白的知识。

你会想，你是本专业的硕士生、博士生，一个新手。相反的十分明显的事实是，你的学位论文答辩委员会的专家们不是新手。还不止这点，他或她完完全全了解你的课题，肯定会指出你学位论文中每一个错误以及遗漏。

其实不然!

让我们谈一谈其中的主要误解。首先，你比他们更专业。是你做的项目研究，是你写的论文。就好比打牌，你拿了全部最有分量的牌! 如果你能把口头答辩做得相当充分，他们能做的就是接受你讲的所有结论。比如说，他们问到了关于实验的选择，并责问为什么不选择另一条实验路线。你的回答也许是：“我是考虑了应用那一种实验方法，但是系里正好没有其中必要的设备，而且我还确实到别的地方去做了实验。”由于他们那时并不在场，此时所有的答辩委员就不会再有新的提问。按照电视台竞赛主持人的常用语，你该“加分”了。问题的关键是，这些答辩委员提这个问题那个问题，目的之一不在于答案本身，而在于了解你在批评面前，能否用合适的科学语言进行论辩。更进一步，从中了解你对课题的信心。显然，你若完全彻底地了解了你的学位论文（到现在，你该了解了），你可以就“为什么做这个题目”“如何做的这个题目”给出完好的说明，这样，你其实已经走完了赢得答辩委员赞许的长长的路途。在答辩时，答辩委员提问的另一个目的是要了解，在碰到一个没有准备的问题时，你能否站在自己的立场上进行思考，从而给出理由充分的回答。换句话说，你是一名学者吗?

其次，他们极有可能并不去指出你论文中所有的错误或欠缺。你可

能会针对丢失的某个字而自责："我怎么可能把这个字漏了呢?"你想一想，你的导师也没有发现这个丢字。进一步说，如果你和导师都可以漏掉这个字，任何人都可能漏掉。这样的话，你其实只能在答辩时从答辩委员那里得到少量的文本方面的修改意见。我在做博士论文时，发现这种错误的工作主要是我自己做的。我经常对自己说的是，这篇论文写的是我的名字，我怎么能指望别人替我发现错别字或表达上的欠缺呢?

在学位论文的答辩中，你还有可能碰到你的知识范围以外的情况。如何回避这种情况值得说一说。有一种办法是"假装知道"。但是，你可千万别假装知道。如果你在答辩中装出一种对你其实并不知道的事相当了解的样子，最终你会被识破。答辩委员通常会很快看出你的破绽，然后穷追猛问，你往往不可招架，最后必定败下阵来。所以说，何苦假装呢！一个合理的做法是，把当前的讨论返回你希望讲的问题上来，这样你可以向他们表白你的知晓面，从而掩盖你的知识面中的空白之处。许多优秀的科学家和政治家都实践过这种方法。多点点头，多用眼睛看看答辩委员，承认他们所提之中你知道的只是一点点，接着回到比较安全的话题上来。这种实事求是的话语会得到好的结果，因为答辩委员最终看到的是，你做的和他们一直在做的没有不一致。

如果你感到答辩委员已对你有了印象，且该谈的谈得差不多了，你甚至可以自己给答辩委员提个问，请这些专家向你解释。答辩委员一般会愉快地接受提问，谈谈他自个儿领域里的学问。而你坦率承认有些东西你不知道，这种开放的姿势反而让答辩委员感到在你认为"懂行"的其他问题上，你给出的答案就一定是你"内行"的了（即使你并不如此）。这样的问题可以是你研究中涉及别的专业的久悬心头的疑惑，也可以是对下一步工作打算中一个把握不定的细节考虑。

学位论文答辩会是导师和你都十分重视的一件事。在你攻读学位之中，都得到共同关注的这种事其实并不多，这说明了答辩会的重要性。答辩会的一个主角其实是你在论文中反映的那个研究。不要因为答辩是一个“关”而害怕，也不要因为研究有创新而趾高气扬。使自己成为科学共同体的一分子，答辩会是一个极好的机会和台阶。从你通过答辩的一刻起，你就成为这个共同体的一员了。这次答辩会，实际上是同行们接纳你的一个神圣仪式。(你如果很出色，还用担心寻找职业吗?）到这时，你可能明白为什么要好好撰写学位论文，而且还要好好地准备答辩。任何与此相反的举动，都表明你其实不在乎这个共同体的存在，这才是你学位论文答辩中最大的错误。

现在，论文答辩会一切都过去了，你开始放松了，并且日子又从答辩前的兴奋过渡到平平淡淡。当然，过了这段时间，你会迎来毕业典礼的庄严及戴上学位帽子拍照的愉快。

（原文发表于《科技导报》，略有修改）

讲座17

处理好压力与紧张

你一定不会忘记第一次经历那种令人寝食不安的压力时的情况。多数人在高考时会感受到这种压力。在硕士生、博士生中，最能产生压力与紧张的时间，会出现于完成学位论文实验室工作的若干周之前。

如何克服这种由于学业上的压力而产生的紧张或焦虑呢？最近几年，这种焦虑状况在学生中日益增多，且在各类专业中都会出现。与老师们一样，所有的人眼下都有“目标”和“截止期”，我们每人几乎都像职业球赛中的球员一样，要争取并面对不断攀升的比赛阶段：初赛、半决赛、决赛，诸如此类。与此相伴的是，有关就业的安全感越来越少，传入耳朵的多数是人们找不到工作的传闻。你需要有关如何处理压力的指导。我们来看一看一位博士生的情况。

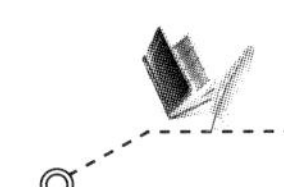

我们现在遇到的这位博士生，自己也不清楚为什么焦虑出现在他的身上了。在毫无预知的情况下，焦虑爬到了他的身上，而且在某一天变得严重了，紧紧地卡住了他。这是他 6 周后即将完成博士论文工作的时候。这时候，他真忙。他的社会活动和志愿者活动不少，但在工作上却总遇不到令人激动的时候。在这一周中，他打算写出一篇文章来，整理一篇综述，同时要向给予自己博士后奖学金的机构提出一个申请。这还不算本周的一些日常工作，比如在一个报告会中介绍自己的工作，在实验室指导一位硕士生，以及他自己那些卡脖子实验。这也不算另外已有的 10 来个小事，比如各式各样的会面或会议。他在心里说，这完全是不顾实际。如果我真有如此勤奋，我早该有机会带一个若干人的团队以及获得较高的薪金了。

实际上，硕士生、博士生和博士后在遇到焦虑时是脆弱的。有些资历较高一些的研究人员可能会争论这一点，他们会说，其实硕士生、博士生和博士后还没看到什么呢。硕士生、博士生和博士后的情况和这些研究人员是有所不同的。首先，在现实生活中，已在实验室工作的这些人已经找到了永久性工作。这样，尽管仍然会有压力，但他们已经没有了过三两年就要找一次工作的压力。其次，这些人已经习惯于紧张，而硕士生、博士生和博士后并非如此。上面所说的那位博士生，在遇到这种压力和焦虑时，甚至希望自己仍然回到本科生去——至少一两个星期也好，他说。最后，也可能是最重要的区别，即硕士生、博士生和博士后必须是一天之中 8 小时在做实验的科学家，这样才有机会像有资历的研究者那样能在计算机前干上 10 小时。

作为硕士生、博士生和博士后，你如何避免压力和紧张呢？简单地想把焦虑忘掉几乎是不可能的。你睡觉时它跟着你，你醒了它又回来

了。才下眉头，又上心头，你甚至感到心在颤抖。你一定得想法去克服这种状况。以下介绍一些解决方案。

首先，你需要非常努力地工作。这较容易做到。其次，你要经得住所有这些工作的冲击。尽量避免一些偶尔为之的情况，即在焦虑时看见什么摔什么，拿起什么掉什么。有压力，焦虑了，这是日常生活中每个人都会有的，并非只有你才有。你的压力的产生往往与时间的紧张感相生相伴，总是觉得很多事情十分紧迫，时间不够用。解决这种紧迫感的有效办法是时间管理（参见讲座4：管理时间）。在安排要做的事时，聚焦于那些急的、最基本的（非做不可的）任务上。当你面临看起来做不完的任务，但又只有有限时间时，你必须尽可能地把“边边角角”砍掉。把单个任务完全做完，再做下一个，决不要在此时转圈做，这是因为只有做完一件事，才会把你的焦虑释放一些。而且一件一件做完重点的事，压力当然越来越小。最后，你要在努力奋斗时把自己的生活安排得安逸一些。不要把压力带回家，留出一个休整的空间：与他人共享时光、交谈、倾诉、阅读、冥想、听音乐、处理个人事务、参与体力劳动都是获得内心安宁的绝好方式。到餐馆与人吃顿饭，早点上床休息，越经常越好，此时还可以放松一点，懒洋洋一点。做一些为自己找乐子的事，不时提醒自己生活中有许多事情是令人愉快的，美好的时光还在前头呢。

我的家乡浙江绍兴布满了河流和小桥，老人们年复一年地说着这么一句话：船到桥门自会直。这也许解释了绍兴人平和的心气。这也是绍兴人遇到压力时常说的宽心话。最终，那些看起来绝不可能的事转变成了可能。辩证法说，事物总是要发展变化的。创造条件让焦虑的原因转化，你会感到这种力量是巨大的。我记得在刚开始做博士课题的时候，

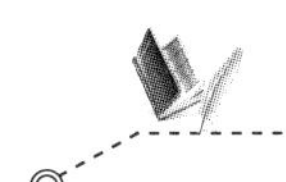

有两个多月的时间，我被求解化学反应中非线性偏微分方程组中的那个不稳定的临界点卡住了，因为这个点“不稳定”，不容易“找”，也没有学过解决的办法，吃饭也不香，睡觉也不香。后来我跳出这个恶圈，归因于我主动放下研究，找人闲聊，在无意之中，有人给了我一些指点，我的焦虑就此消失了。

硕士生、博士生从事的科学技术研究有一个性质，即除非有一个非常硬性的截止期，要求你必须完成实验室全部工作，否则，他们往往会被研究所吸引，继而难于停止，看起来没有结尾。在不知不觉之中，你会发现，你已经被下一个实验的强大吸引力粘住了，一个接着一个。你得注意，这样下去，你会失去“叫停”的能力。时间往前走，你可能会发现自己处在一种停不下来的境地，而且这些实验永远都是“最后一个”。

记住，对于你一生的工作，硕士、博士学位的价值，其实也就是一个出发点。你必须完成这一步，这意味着实验室工作总需画一个句号，而且还要写出来。对多数研究而言，你的写作和实验室工作总是不可比较的，不像100米赛跑，人人都是100米的距离。正是这个性质，使得一些指导教师让学生继续从事博士后研究，以便“完成”博士论文所对应的那项研究课题。

摆脱实验室，完成硕士论文、博士论文的责任在于你，不要等待有人会告诉你该停下实验室工作了。导师总是希望从学生那里再得到一个“关键”的结果，特别是博士生导师，这样一来，期望导师会在你开展研究的一个很早的阶段就让你停住研究，在学校要求的三四年内按时提交毕业论文的可能性比较小。假设你希望有一个能告诉你学位论文的结果已经足够多了的“晴雨计”，那么，导师应该是你最后去问的那一位。

你可以问一问别人的导师，并请这位导师对你说真话。如果你下决心停下实验，你还得与导师协商好，以免导师仍然按往常那样布置给你许多“最后的”实验。

对进一步的实验说“不”，你需要一种策略。首先要写一份最后阶段的实验清单。这份清单极有可能会长得几乎无法按时做到。这份清单上的工作要你付出的时间肯定比你估计的更多。这么说来，在制定这份清单时，一定要问一问：这个实验真的十分必要吗？现在回忆起来，在我做博士论文时，有相当一部分研究，其实到最后也没有写入我的博士论文——我的博士论文用不着这些研究也已经足够。但开始时，我的确认为这些工作是需要的。你与博士后谈一谈，读一读他们的博士论文很有好处。这恐怕也是避免产生一种误会的好方式，即以为在交学位论文时必须对自己清单上的每一项实验作出努力。毕竟，对于你为什么不做某个实验，你在写作和答辩中还有许多申辩的余地（我已经在前面讲到这一点）。更好的是描述你是如何有所考虑地放弃一些实验而做另一个更具信息量的实验的。仔细安排这份清单，使得清单中的重要实验按照它们对你的学位论文意义的大小顺序出现。这样，即使都是一些没来得及做而到最后才做的实验，你还可以做出选择放弃清单中最后几个实验，就像报纸编辑删掉一个报道的最后一句话以便使整个报道与余下的空间相匹配一样。

撰写学位论文的最后几个星期，是最需要你管理时间能力的时候。要充分用好论文写作日程表中各个日程之间的任何一个间隙。一开始，要把文档中没有价值的东西挑选出来，把那些最基本的东西多复制一份备用。写论文“头痛”时，要停一下，做一点事，什么事都可以，即使是用半个小时准备了一个表格，也是值得的。当你真的在写作的中间阶

段运用了这些小技巧，它们会给你一个虽然小却是你所需要的激励。如果你一时实在没有写论文的情绪，不妨做一做对材料和研究方法的更新工作。即使确实没有领会我上面的谈话含义，这些方法也让你认识到，你已经学到了许多技巧。当你仍然在实验室中做着实验，收集着各个数据时，上面这些小技巧也是基本的。

这样，你正在竭尽全力完成清单中的最终实验。如果你感到在几个月以后，你正在渐入佳境，你仍要按照你的预订计划往下做。做这样的最后冲刺，目的是使你自己的论文能够尽量早日写成。

（原文发表于《科技导报》，略有修改）

讲座18

做博士后是你的成功科研生涯的理想开端

有一些博士生在攻博结束的前一年末，就开始思考自己将来就业后的第一个真正意义上的研究工作。有的会写一些信给相关的博导，看一看这些博导有什么样的博士后工作和经费支持。写信的结果，会得到这样的答复："再过几个月时间与我再联系一下。""你能给我一份简历吗?""你可能会喜欢我在9月份做了广告的那份工作。"更有甚者，也会有这样的答复："也许你会高兴旅行并访问一下我的实验室。"这样的反响，远比正式的面试好多了。但是，此时你期待什么呢?只有时间才能告诉你这样的一些联系在最终是否有结果。应该记住，联系博士后的方式方法很多，决定你是否能成为博士后，也可能是其他一些办法。有一句话要再说一说，你是否能成为一名博士后，不能简单地看成是一种

“录取”工作。你也不能只在学校“等着”被录取。

在做博士论文时，就有了进一步做实验或研究的好主意，是十分必要的。有一位博士生在一次学术会议上听到了一个令人十分振奋的新结果。他当时在这个分会场，而且集中注意力在听报告。当讲到这个结果时，这位博士生意识到，它十分清楚地暗示了自己将来的研究。

要找到一位合适的博士后合作导师。任何博士后基金（或资助）不会直接把奖学金交到博士后申请者那里。有些博士生不打算在做博士论文的实验室再做研究，这意味着要到另一个博士后流动站找一找可能性。有的博士生愿意在自己的导师那里接着做博士后（中国的博士后制度规定不能这样做）。通常，在另外一个大学找到博士后研究的机会，往往来自对这个大学的访问，这样的访问会让你急等着要开始博士后研究。顺便说一下，在你做博士论文时，你最清楚还有哪些大学有教授做着和你一样的研究。上面提到的那位博士生就得到了这样的机会，他接着就发了一封电子邮件，在邮件中解释了自己的主意，并提出了一起写申请课题的建议书。这个主意受到了那位教授的欣赏。几周以后，这位博士生面对面地与那位导师进行了讨论，还得到了申请书中更为详细的内容。当然，那位教授从中加入了许多他的主意。为了得到博士后课题资助或者博士后奖学金，你需要他这样做，但不要理解成申请的责任已经由他承担了。一旦你真的由这种方法认真地开始了与别人的科研协作，那么从另一个实验室加入你的申请书中的任何信息，必将价值无量。

博士后课题需要经费支持，要找到合适的资源。上面说的那位博士生与那位教授，从三个不同的渠道提交了申请书。他们知道其中的两个渠道回答很慢，第三个渠道是最有可能得到批准的。最终他们从第三个渠道得到了支持。虽然后来知道还有其他的申请渠道，但他们不准备把这样的申请增加到三个以上。把相同的项目申请送到不同的资助机构总是不被科技界看好的，可见他们这样做不仅仅是为了减少一些工作量。实际上，不同的资助机构对申请书的要求不会一样。写这样的申请书，需要教授们付出大量细致的努力和许多时间。这也许是你第一次写申请书，你必须挖空心思又令人信服地指出这个项目的目的和任务，估计要多长时间完成项目，各个阶段又会有什么不同的研究内容，这个项目需要多少资助，这些资助会具体分配到哪些开销上，等等。你也许还要用充分的理由说明这个项目通过执行一定会取得成功，将要得到的成果会有哪些，这些与国际科技界的标准是否一致。

当你把资助申请书送出后，等待的心情也不好受。等待的时间是那么长，几个月，甚至更长，有时你都忘了自己曾经申请过项目。上面提到的博士生在一段时间后收到了前两个资助机构的回信，但得到的回答是申请没有成功。想一想，那位博士生为了写这两份申请书花的是他的博士论文最后阶段十分宝贵的一两周时光。他感到些许压抑。虽然在学术界碰到资助被拒的情况是经常的，但他的情况不同，他还没有固定的工作，所以只好等第三个申请。

当资助最终来的时候，你有什么感受？你第一个有资助的科研思路能得以执行了，这是令人鼓舞的。申请博士后也还有别的情况，在这些情况下，教授们手中往往已经有了研究经费。中国高校的博士后合作导师在接受博士后申请时，多数是这种模式。你知道这个情况，你要做的就是与同样希望在这些教授手下做博士后的人，共同进入一种“竞争”的状态。我的建议是避开“竞争”要好一些。到你选择的课题组作一次访问，与潜在的博士后导师讨论讨论，就像上面提到的那位博士生。

你开始做博士后了。由于博士学位的批准总是晚于博士答辩，一般会有一两个月的延迟，有时长达半年。这期间你还不能感受到自己已经是一位“科研人员”，这种感觉还要你花较长的时间才会到来。从你完成博士论文答辩的那一刻开始，你极有可能开始对一个新的群体，即“非学生”的科学共同体（学校的教授们）对你的姿态，有一个新的感受。这当然是一个令人鼓舞的不同。他们往往认为，你已经是讲师、副教授、教授这个群体中的一员。有一些教师肯定还会把你当成学生，他们看着你做博士论文的第一年、第二年，直至博士论文答辩。他们永远不会忘记你做论文时（特别是第一年）的模样。如果你到了一所别的大学做博士后，那么这种情况就不再出现，新学校中的教师们一般“记”不得你的攻博故事。不管怎么说，做博士后是你的成功科研生涯的理想开端，是值得庆幸的一件事。

除此以外，做博士后也还会有一些小小的麻烦。有一些博士生会把博士后当作人们常说的“智者”那样的人物，在许多场合下，你会遇到博士生问你一系列你大概从没想过答案的问题。既然博士生如此，你可以想象要是硕士生、本科生向你提问呢？你一定担心自己的答案会是一次对自己专业知识的愚弄。我们都知道，科学技术工作对撒谎者来说是再坏不过的职业选择。在处理这种情况时，谦虚是最合适的。如果博士生问了你从没做过的实验知识或科技内容，你的选择是说明这个事实即可，承认自己不清楚。其他的选择或早或晚都会让人感到你其实是个不懂装懂的人。谦虚的态度会使你遇到无法回答的问题的数量很快降下来。

一位成功的博士生在做了博士后以后，还会遇到另一种情况。由于你的成功，你的导师一见到你就会有意无意地问你是否有新的进展。“从上次见面后，你又做了什么？”这样的问题对于刚做博士后数周的人尤其是一种不好的境况。即使你能够保持这种科研产出的水平（谁都会

怀疑这是真的、可行的)，你也不大可能永远面对这样强烈期待的热情。你需要的是和博士后导师之间的一段平稳期待的相处，要和导师花时间讨论一下研究计划。除此之外减少与导师见面的次数。倘若在走廊上被导师碰上又问了这样的问题，你就说“还没有”。

到一个新的地方做博士后，你得到了一个发展机会，但另一方面，你脱离了原攻博单位后，也就失去了导师言传身教的机会，同时也失去了你原来同事们的支持。在你攻博期间，你一定会有一些要好的同学，你也已经找到十分热情的老师，其中有一些老师是那种有问必答的多面手，只要你研究中有困难，他就能伸出手来。记得我在利兹大学攻博时，化学院物理化学系，就有一位这样的老资格的讲师，我常常得到他的帮助和一丝不苟的言传身教。现在，你周围是一群陌生人了，你有必要重新建立这种非正式“导师”关系以及找到这样的人，在更好的情况下，是“一批”这样的人。这个任务几乎和你刚刚当博士生时是一样的。当然，原来的朋友你还会来往，甚至原来的导师也一样，你可以发短信，还可以打电话。但是所有这些都无法替代现场的言传身教，更不用说有时“远水解不了近渴”。有一个经验，你一定也会有，即，如果不是每天在一起的两个人，你是不大可能一个接着一个地提问题要求对方帮助回答的，这样提问的人会被人讨厌，甚至被人认为是一个纠缠不清的人。

上述那种日积月累但又来自零星小事的人与人的“结合”日复一日地发生着，不管你意识到或没有意识到，这就是你博士后生活的重要一部分。说两件事。第一件，说不定哪天，你就要别人帮助了，你信不信？这就需要你和气待人。请记住，让你在楼道里看到的清洁工和收发人员都“站”到你这一边来，这其实和系主任支持你是一样重要的。第二件事，有时，你会想我已经完成了博士论文得到了学位，我能够提出的问题的类型已有了限制。你一定认为：我得到了学位，我现在被认为是学习过这方面知识的人了，我再提这方面的问题，该有多丢人？且慢！事实上，只有极少数的人在得到博士学位后，真正了解了所有这个专业该知道的知识。你极有可能是另一种人，即你很快就被实验室中刚入校的新生和那些充满好奇的人追问那些恰恰是你心里害怕被问及的基本问题。但也不用真的害怕。你在攻博期间再加一把油，就可以在你做博士后时管用一长段时间。

所以，对于一位第一次当博士后的学者，一个温馨的提示是，请愉快地面对新的机会，享受博士后新工作，在工作之初就卸掉压力。想一想吧，你刚刚完成了博士论文，多值得高兴。现在让我们谈一谈一个博士后应该面对的更重要的问题，这就是要让自己了解自己所在专业的科学共同体，了解一些科技界的“秘密”。当你完成了博士论文，你实际上已经进入了学术圈子，你已经走上了一条所谓“科学经历积累”的道路，这条路把你引向成为一个成功的科学家。要最终成为这个科学共同体的圈内人，你当然得了解一些“科学秘密”，不同的学科和专业差不多都一样。眼下你可能会想，一定有一些非常合适的路，可以使自己了解那些科学圈里的“秘密”。事实正好在否定的一面。我在本讲座第1讲中谈到的那些走向成功的“硬机遇”，即那些结构性的成功经历，这样的道路，实际上只是一种“盖子”。这个“盖子”里的秘密目前是捂着的。在你前面的奋斗之中，还有许多许多绝对重要的信息，你可能只有从实践中或一代一代科学同事的经历和言传中得到，有的甚至是从痛苦的经验中才能得到。许多学术机构（学校和研究所）正在百倍努力地使他们的研究生培训从大纲到课程设置日益专业化，而且专业性也日益

提高，关于学术讲演技巧的课题都设为必修课，各种课程都提供印刷装帧十分讲究且内容对读者友好的教材。但就是所有这一切都不能保证你已经被告知了科学共同体的一切。所有的科学家和专家都有不成文的规则（潜规则和文化），数百年来科学的发展似乎有赖于科学家们把这些不成文的规则传递给科学共同体的后来之人，告诉他们科学家和专家们是如何工作的，这样的传递呈现出非常复杂的非正式的许多接触。

申请科学研究经费资助时的专家评审制度，以及学术期刊的专家审稿制度，可以说是上面所说“科学秘密”中最重要的例子。比如说，在申请书上写下申请的要点之前，你必须搞清哪些要写，哪些不能写，写下的要点能被专家接受，而又不至于被看成“不专业”。这中间会有一道“分水线”，使你既不把数据都写出来而又表达了最有分量的理由和事实。但这“分水线”两边都有你的申请书被评价为“不专业”的风险。在送出这样的申请书之前，要请你的朋友看一看有没有可能存在着不合适的叙述，有就删除。

在科学中，不仅仅只存在知识的传递和智慧的学习。扩大和保持你与科学共同体的联系，为科学共同体积极贡献一点你的智慧和知识，是你得到保持科学技术界整体运行那些“非文字”信息的唯一途径。在实践中，要得到你在博士训练中并没有遇到的信息，只有通过这样的途径，即你多多接触那些有经验的科学技术专家，这种接触只能由你自己完成，且越多越好。

请记住上面讲的这些话，多与科技界接触。要熟悉科技界，这能使你避免许多头痛之事。有人可能会说这些头痛之事反映了个性而且只会引导到个人的隐私。其实不然，痛苦的教训极有可能是你不知不觉地打搅了科学之路上的许多人。在你的科学经历的早期，还有一件值得提醒的事，即不要为自己挣得一个“坏名字”，否则得这个口碑后的痛苦必然要伴随你一辈子。

走上科学发展和科学经历之路，你当然应该走进社会上科技专家的圈子之中。科学是一个个人最漂亮的选择，但却是孤独者的坏选择。我们在文艺作品中通常看到科学家们造福于人类。科学家们在现实生活中也与大家一样，他们甚至就是大众人物。

（原文发表于《科技导报》，略有修改）

讲座 19

合作研究是为了提高效率

在没有进入科学研究的状态时，处在博士后工作第一年的有些人会想到要与别的甚至远方的研究室的科研人员建立一种合作关系的需求不是很明显。这里不妨从你将来可能进入的学术机构带头人的眼光来看看，他们着实会希望他们所要的候选成员有能力贡献于他们的科学共同体。举例来说，他们会希望候选成员能成功地与其同行，特别是国际的同行实行联合科研。眼下一些优秀的博士后非常善于与国际、国内的同行合作。你当然应该成为他们中的一员，从而走向成功。能够与人合作，你显示的正好是一种在 21 世纪科学技术要求科研人员所具有的技能。眼下在许多一流学术期刊上发表的一流文章中，单个作者的文章已经越来越少，这就是今天的时代是一个合作的时代的铁证。

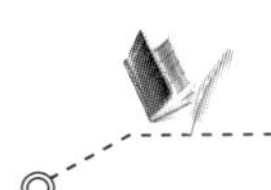

那么，为什么你必须与人合作呢？由于科学技术研究领域的竞争性是很强的。可以理解，你对于把自己的结果让人共享，甚至让人注意到你在此领域的存在（至少直到你的文章将要发表之前），是勉强的和不情愿的。实际上，与人合作和效率有关，也就是说，这是为了减少得到有价值结果的时间。换句话说，你可能想到了做一些的确非常重要的实验，但在你完成博士后工作之前，你根本没有那么多时间来做这些实验。就是眼下被你认为是竞争对象的研究者，有时也会成为合作者。这样做的最好情况是，在合作的范围内，你有了对方没有的，这样，你就可以就获准使用他们有且你又需要的进行谈判，这些可以是研究结果、专业技能、实验设施或者其他。其他的合作者有可能根本就不关心你要得到的是什么，而且给予你的是无价的东西，比如说，他们可能已经完成了对你来讲非常艰难的工作。设想一下，你面临着看起来难以避开的一份实验清单，这时你又发现另一个从事同一领域研究的有声望的团队，已经做成了你最担心难产的实验。对于他们来说用了两个星期完成的工作，当你从实验室桌子上乱涂乱画的一片纸中学会了这个技术时，有可能六个月已经过去了。其实这时你只要做一件事，即友善地问问他们，你是否可以得到他们的结果或最终产品。新科研人员之间的感觉是，“他们根本不可能把它给你”。且慢，他们完全可能这样做。今天的科学技术研究就是这样运行的。仅仅需要在你发表文章时作为共同作者之一，甚至只要在你发表的文章中对此事予以致谢，你同行的科研人员经常会很高兴地告诉你他们的结果或者把他们的样品送给你。有一次，我的博士生需要清华大学的一个成果，这位热情的教授仅仅要求我们在发表论文时指明来源。这种合作的诀窍是，在有求于对方时，不仅要说自己成功的机遇增加了，还要指明对方会有更多的成功。这也就是 21 世

纪人们常常说的“共赢”的理念。

简单说来，有两种科研合作。第一种情况是，你找到的合作者，他或者就与你在同一个领域，或者正在干的研究你认为对你有用。在一次学术会议上，“你找到的合作者”实际上是指你从一个壁报或一次谈话中，感到出现了一个合作者。在这种情况下，你需要很快做一个决定，即，是来一次面对面的交谈好呢，还是再等一下，在会议结束后上互联网搜索一下再联系他？如果一定要说一个规则，那么你可以这样做：对于博士研究生和博士后同事，你直截了当即可；但对于担心较多的教授，在你提要求之前要接触一两次。一些你没有私人接触的学者，你的导师可能会了解这个人，特别是那些资历深的科研人员。所以，如果你没有把握，问一问你的导师。在学术文献之中，以及在网页上，你同样可以找到这样的合作者。

第二种情况是，你已经知道你的确切需要，你也知道在这个确定的合作中，谁有可能帮助自己。这种情况稍有难度。因为你自己要去找到这个最合适的人。如果没有你对于所从事工作的科学共同体的内部联系和内部知识，你的这个任务在执行之中就有点像旧时引人入胜的侦探工作。你的导师会有一个被称为“科学共同体”的圈子。但如果导师也帮不上忙（这是经常的），那么上网是一个好主意。即使如此，你也要常问问自己能否达成合作，如果你心里有了一两位这样的专家。

在上述两种科研合作中，你总是希望和具有开放心态且与你友善的人一起工作。单方向地送出你的研究结果给别人，这种合作关系显然是没有意义的。想象一下，假设你已经决定告诉一位或更多的潜在合作者，你现在得到的一些结果或规律可能对他们的研究是重要的，但这些研究人员极有可能十分关注的只是别的领域。除非你和他们已经在学术

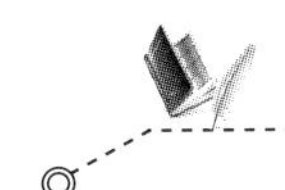

会议上见过面（即使这样，他们也可能根本记不住你），否则，他们十有八九从来没有听说过你，甚至很有可能也没有听说过你的导师的学科组。请记住，不管你是谁，你需要关注的是向别的科研人员介绍自己。

你当然可以拿起电话，希望用一次电话吸引合作者。实际情况往往是不理想的。你要找的那个人，可能在学术会议上，也可能在和自己人开会，他或他们忙得顾不上和你通话。这个时候，用电子邮件作第一次联系是合适的，因为这种方式没有给对方马上把注意力转移到你身上的压力。最坏的情况是对方选择了不理睬你，这很容易出现。现在，有些人会把不认识的人发的邮件当成“垃圾邮件”。这时，你也许会有点“拿一个鸡蛋办养鸡场却把鸡蛋打碎了”的感觉。忙啊，成功的科研人员每天会收到多达50封电子邮件。这样，为了保证你的信息被他读一读，你必须用醒目的主题词（放于电子邮件“主题”栏）使收件人注意到你的电子邮件，比如说这个主题词是“A项目”，想办法把这个主题词编辑得“他们”必定会读一读全信。他们可能不会关注你的结果，他们会关心这个结果中间与他们有关的是什么。这样的话，你也许会把电子邮件的标题写成“关于A项目中共同研究的合作机会”。

那么，这封电子邮件往下怎么写呢？你总得说服对方，合作是值得的。这里最要紧的是让对方有回复你的念头，所以，要说说你的姓名，你的导师是谁。接下来可以概要地说说你研究的一般领域，但两行字即可，再多就不合适了。如果你谈论自己太多，对方绝对不会再往下认真读，他可能会一目三行地往下读。这里有几个提示你可以注意一下：要开门见山；语言要简单；叙述自己希望从对方得到什么要准确；不要忘了加上一些礼貌性词汇；不要使用小孩子向妈妈要东西那样直率的词汇。为了避免混乱，可以用数字把要说的意思一个一个编号。

现在的问题是：如果一个星期过去了对方不回复怎么办？记住，不要放弃。有一位博士后为了联系一位可能的合作者，发了3封电子邮件并且打了4个电话。在他快要放弃的时候，他收到了一封为迟复而致歉的电子邮件，并且得到了他盼望中的消息。有一些科学家的确是令大家不可思议的忙，你要记住这一点，有的甚至在机场贵宾室里也在忙。上述这位博士后的情况比较极端。通常你在第一封电子邮件无音讯时，可以发第二封。我相信有些博士后肯定会接着发第三封（在一个月左右），如果此事真的重要。这样做是考虑到你联系的科学家会在学术会议上，会在其他的访问中。在发第二封时，要把第一封附上，这是怕万一第一封信已经被删掉。不要在第二封信中直率地询问“你是否读过我的信”，要有礼貌，要扼要重新说明你的兴趣。假定所有这些努力都没成，不妨打个电话给你要联系的人或他们的实验室，找个人帮助你把自己的需求转达给你要联系的人。

如果你幸运，收到了一个正面的回复（多数人对简单而又礼貌的要求最终都会给予回应），在你进一步回复之前，要和导师谈一谈。记住，事实上会有许多人希望得到看一看你没有发表的科研成果的优先权，而如果可以这样，那么只有你的导师，而不是你，才是决定哪些内容可以让人看的那个人。当然，也会有很不幸的情况，对方在得到他们需要的信息后，接着就会说“多谢！——再见！”

对于一位还没有熟悉或接触本领域科学共同体中那些主要人物的博士后来说，合作科研将会带来的纠葛，实际上会令人气馁。如果这中间涉及科学技术中深一层次领域的“谈判”，那么必须让你的导师成为谈判的主角，特别是由于这个过程的许多实质性内容是可能在电子邮件中传递的。由于在电子邮件中既没有声音高低的帮助，也没有肢体语言的

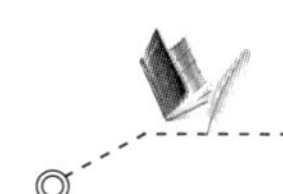

帮助，这个过程需要语言上的机智。这中间你一定会开始了解到在科学技术（其他领域也一样）中，有多少是纯粹只涉及个性的。如果对对方尚无了解，你的导师就有可能从给予对方一些浅显的信息开始，看看对方的回报。你当然也可以写一份关于你的工作吸引对方的一般资料，但其实也没有提供更多有用的细节。这使对方很快看出你的长处所在，也使对方可以开始和你进行打乒乓球那样的电子邮件往来，这种往来又很快成为双方每天最兴奋的第一等工作。接下来的是热烈兴奋的讨论，以及及时又仔细的合作细节。若你有了这样的经历，你就会发现，科学技术研究中的合作把没有共同之处的对方，变成了围绕他们自己领域的非常活跃的世界。

现在该谈一谈科研合作中的实质事务了。这意味着一些研究材料以及研究人员要从一个实验室到另一个实验室中去。没有这种形式的交流，原本的实验是不可能进行的。当你收到一个从国外或外地寄来的有可能推进你课题的包裹时，你的心里显然是喜悦的。当然，此时你对于你的名字是否会出现在一篇联合完成的学术论文上并无把握。

如果你的下一篇论文还有许多空白要填补，你肯定需要对它做有质有量的输入。科研合作部分也是为了用到别人的专长和设备，这样的话你应该访问那些顶尖的实验室，那里的专家擅长于你感到困难的工作。我在做博士论文之初，“访问”了学校内若干个系的不同实验室，每次我都受到热情的接待。接着我真正访问了其他机构的实验室，这样做大大拓展了我的“世界”，给博士论文课题的展开也带来了好处。

这样做，到外面“走走”，的确可得到更多的结果，且比在自己家中用劳累至极的“冥思苦想”，期盼得到开展你研究工作的技术要来得快。当我在国外留学时，我从访问得到这样的经验：你也许不信，其实

在科学共同体中，许多你认识或不认识的同行会愉快地让你在他的实验室待上一周或两周。你需要的只是掌握好提出要求的“火候”，客气和礼貌才是此类事务的“入场券”。

你访问别的实验室还可以得到拓宽经验的“副产品”。你会发现即使实验室里最日常的活儿，不同的人们做法也会不一样。举个例子来说，有的实验室用奇怪的方式处理废物，他们的仪器也可能不具备识别标志。这些都会打开你的思路：原来同样的结果是可以用若干种方式得到的。这还告诉你，在科学研究中，没有一成不变的研究路径。很快，你会在合作和交流活动中，寻找那些新主意，加到你不断增加的科研“工具箱”中。

如果你涌上来一种冲动，十分盼望作一次访问，怎么办？

首先要找到自己不能做的科研中的事。也许你有点“不好意思”面对这一点，但对于我们大家做这件事都并不难。假定在长长的实验清单中你还找不到这样的事，那么你要想出一件新的事，这件事可以在你的研究中增加额外的新意。即使你的“汽车”眼下还没陷入满是浆汤的泥沟之中，你想出一件备具挑战性的事儿来也是值得鼓励的。说到底，为了寻找一张进入别的实验室的“门票”，没有任何错。在这里告诉你的信息是，不要认为你必须一直等到有某种“需求”出现，你完全可以创造这种“需求”。

其次要找到你拜访或者访问的理由。仔细查一查在你身边是否已经有这样的专家。你仅仅需要问问自己单位的专家是否有人做着哪怕是和你提出的事有些许交叉的工作。从你的导师的角度来说，单位中已有的专家冲淡你出差或访问的需要。至少，你应该告诉导师，自己那里唯一的专家并没有做完此事，而且所准备的仪器设备从来没有好好工作过。

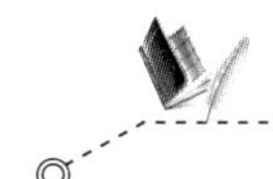

第三要找到专家。很有可能，这是有声望的实验室的一位专家。如果你对在学术会议上只是偶然出现的专家中挑选专家心里没数，你可以采用寻找本单位的专家那种办法“高速”寻找——前面我已经谈到过如何与人交谈并发送有礼貌的电子邮件。

第四就是实现这件事。订你的票，到这个实验室去。然后，不是做这个实验，就是学会如何做这个实验。

到别的实验室去，你肯定会想到要带上一些自己实验室的小东西，避免到了那里以后的不适应。许多人会这样做，这样做也有利于克服你想象的情况。有少数人会认为这样做用不着。还会有人有过分的准备——他会带上过多的东西。当然，带多了，对方实验室的同事们无疑会吃一惊的。

当你真的到了对方的实验室，你突然有一种“自由”了的感觉并不奇怪。说到底，你眼下脱离了导师“监督”的眼光，但小心被这种心情“滑倒”。你需要通过这次旅行得到尽可能多的收获。这次访问甚至可能成为你博士后出站后找工作的“面试”。再没有比到一个顶级实验室中去，在你的理想“老板”鼻子底下，通过做实验，施展你的研究能力这样好的“广告”了。即使对方学科组长整天在他的办公室中，有关你工作的情况仍然会进入他的耳朵之中。为了增加这次旅行的价值，别忘了在行前做好在对方实验室做一次学术报告的准备。这往往是对一位访问学者的期望，尽管这些访问者也许只是停留一个星期。

最后一句忠告是，你必须是那种乐于交流的性格，才会使这种旅行和访问成为一种“探宝”工作。如果你到达后期望你那些“临时”的同事做呆板的例行工作，你只是等待他们在你访问的尾声中把结果交给你，那么你肯定只会感受到一次不舒服和孤独的经历。

在这里我还想谈一谈“网络化”。

在科研工作中说到“网络化”，我们中的大多数人会很快地联想到国际会议、各种跨单位奖学金，以及其他国外的事务，这些当然不错。长久以来，出国是我们联系其他科学家们的极普遍的常识。但还有其他令人意外的与你办公室门外的科学家们达成更为紧密联系的途径。与你系里的其他学科组的合作是十分不错的主意，但其中的奥秘是什么？

设想有一天，你在办公室走廊里遇到一位新同事，你热情地问他一句工作是否安排好了，接着你们又谈了几句。你极有可能发现你的研究和他的研究有相当一部分相同之处。接下来的两三分钟你和他讨论了工作，并同意合作，甚至你俩已想好了头一个合作实验。所有这些是在没有任何准备或者什么预先思考的情况下完成的。这就是一种“网络化”。你极有可能碰到第二个人来找你谈合作研究，也许，他听过你的学术报告，可能他在找你以前已经想好了他的研究和你的研究的联系，你的名字甚至已经写入了他申请科研经费的报表之中。

为了把“网络”这事说透点，不妨再展开一些。设想自从你系里的同事上一次介绍你们有了一面之交后，在当地的一个学术讨论会上你又见到了这位另一个研究机构新建立部门的研究者。虽然研究的是完全不同的系统，你俩却有一些工作有共同之处。在几周的时间里你们互相访问了对方的实验室，以便了解对方的设备仪器。虽然已经明白双方无法在研究中合作，但你们仍然感到这个经历是非常有益的，因为你们同意互相分享共有资源。

你本来想使自己和自己的工作能通过合作让更广泛范围内的科技界有所了解，扩大自己的“网络”圈子，但看起来这一次没有做到。事情其实没有到此为止，你的行动的意义远不止是在他们的科学家名单上增

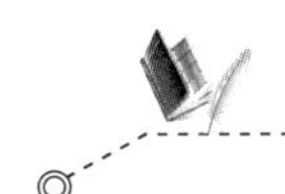

加了你的名字，或者你的网络上多了几个名字。

再回想一下上述经历，它是简单的、方便的。在我们做实验、做研究的地方，我们大家共同拥有的一个优点是：在每一周每一天我们总是被许多科研人员所围绕。这意味着只要你走出门点点头，大家互相之间就可以建立起不正式的相互关系。我们终究是一个社会的人，我们的脑子适应周围人们的主意远比适应那些只在电子邮箱中存在的人群的主意要好得多。我们习惯于希望看一看以及听一听实验室中其他人的工作，以便想一想其中是否会有我们之间可以进行科研合作的某些领域，或者他们研究中的最擅长之处。

想明白了这些，你会看到，其实，你身边或不是身边的相当一些年长的研究者在他们经历的多半时间之内，看重的是当地的合作，这是合作之中最简单也最有收益的。如果你之前还没有这样的联系，也可以走走这几步：一是想一想当地的合作。不要一提到科研合作就想着要出差。有些你认为最有价值的谈话恰恰会发生在你的办公室门口。二是多和人交谈，特别是刚来的同事。通常，这些新同事会渴望与已经在同一个部门的任何人一起工作，因为通过这种方式他们会很快融入本机构的主流。三是多参与。比如说，访问访问那些在你看来新的事物、新的部门和建筑、新的会议和论坛。在你所在的地方，肯定会有当地“焦点”（这中间还会有经费和资助类在其中），你需要积极参与，就像公共运动场人人有参与锻炼的权利一样，要争到这种权利。你也许要在自己的研究和你所参与的当地的热点之间稍稍作扩展。这其实无关紧要。总的说来，你总是“当地”的，你展示了你对当地环境的热情和兴趣。

（原文发表于《科技导报》，略有修改）

讲座20

在实验室指导学生是一件共赢的事

我当博士生时并没有指导别的学生，但我现在的确要求博士生必须负起指导其他学生的职责。对有些人，从高中、大学再到博士后，这个行程显得不可忍受的长。有一位博士回忆说，在这个漫长的过程中他唯一不喜欢的事是被人说：“你怎么还是学生?”“但是，”他说，“我最终赢得了‘最亲近’和‘最亲爱’的赞语。”“这么说，你能让别人为你干活了?!”他哥哥有一天问。这事给他哥哥留下了深刻的印象，这位博士说了一位他正在指导其本科毕业论文的学生。这位博士突然意识到他遇到了一个机遇，即他有了“自己人”：几名学生和一名兼任的技术员。这当然是一件吸引人的事，但也需要仔细的筹划。你得让人感到值得——比如说，你如何让本科生和硕士生对你感兴趣？一旦你开始指导他们，又如何把他们的时间安排得又科学又出活？

在你当博士生时，你也许已经指导过本科生或低年级博士生如何使用仪器设备或者学习一种新技术，但是，指导别人正在做的研究是一件不同的事。作为一名博士后，你有责任不断注意可能的实验项目，增加到你手上不断“长大”的清单上去。当然，因为你又多了几双手，试问你如何决定对本科生的项目和硕士生的项目，什么样的实验是值得加上去的呢？一个意见是，即使从有经验的研究者来说，这个实验不会产生更多的东西，那你也还是让时间更多一些的学生做长一点的实验。另一种做法是把前景虽不清楚但会有较多结果的实验交给这样的学生。你已经知道，有一些实验是十分枯燥但你又不得不做的，有一些实验不太可能让你进入前十位。

在你的科学研究生涯的早期阶段，你很自然地只想到多写学术论文去发表。这样的话，为什么不多设想一些实验以便得到更多的收获？在设计一项实验时，让这项实验成为你一项新的实验的导引工作，或者，成为你下一篇论文的一个表格。这种工作不大可能成为一篇独立的学术论文，即使是很短的篇幅也不会。

也许，你手上有一个清单，这个清单中的基础性实验也足够你做 10 年。这时，不要给你的助手太多的选择，这只会让他们被这些选择所“淹没”。也不要把研究课题规定得太死板，因为你的描述可能对做实验的人毫无吸引力。最后，你选择的技术须是相当容易掌握的，这是因为即使是最能干的学生，也是无经验的，且他们有严格的时间限制。

在你从手中的清单上决定了让学生做哪一件事后，你还需要推销这个实验，以便本科生在做毕业论文时选择这个项目。撰写项目简介也是一种开创性的艺术工作，这其中唯一的目的是能够鼓励多数有能力的学

生到你面前来恳求让他们做这个项目。更实际一点说，你总希望至少有几位同学在大多数人对于你的研究连看两眼的兴趣都没有时，能够对你表明他们是真的对此产生了兴趣。这样的话，你当然有必要把你的实验描写得实实在在吸引人。认真看看你的研究，从你研究工作的方方面面找出任何可以吸引眼球的主题词，作为你的项目简介。你不妨看看传媒对前沿科学技术的宣传内容，它们总是和令人震撼的灾难（如地震）或爆炸事故有着隐隐约约但又并不遥远的联系。

让你的简短的项目介绍配上吸引人的关键词，使得这样包装后的一切显得令人心动且又可以做得到。记住你一方面在推销自己，另一方面在推销你的项目，你在为得到学生助手而进行竞争。对同学们来讲，他们最关心的会是：这位项目指导老师是好脾气的，还是令人作呕的？若你刚刚开始做指导本科生的工作，一件很清楚的事就是他们并不了解你的特点。既然大家对你是不熟悉的，大约也就不会有成堆的同学来挤破你的办公室门框。

要有职业意识，在有人对你的项目感兴趣时只作不正式的“约会”。你总是热心期盼最好的同学会跑来找你，这并不奇怪。说到底，你总不会希望在全班同学将要选择完项目时来找你的只是那些成绩最差的同学，或者同学们来找你只是作为他们的“第五个”选择。我当教师后不久，就有机会指导本科毕业生的论文，我指导的这些学生都表现了对课题的兴趣，这令我十分兴奋，对工作更加投入。记忆犹新的是我当教授后不久，有两年指导了本科生的项目研究。他们被称为“优异生”，学校为他们专门配备了导师。我当初指导的这些优异生，现在都已经是教授和博士生导师了。

从总结经验的角度看，在对待来敲门的学生上，容易出现的问题是

“弄巧成拙”。比如有一个学生来找你，也许他是来争第一的。你一听十分兴奋，于是开始滔滔不绝地把你知道的有关信息和你的主意和盘托出。你带着他走遍了实验室的每一个角落，仿佛他下周一就要来了。也许这位同学会尽力表现出他的热情，但他很快会和你说再见。原因很简单，任何一位本科生都会被你在不经意之间的“轰炸”吓坏。下一次若又有一位学生来了，你不要下工夫去给他一个好“印象”，你让他“一日游”式地粗粗看一下实验室以及实验室中正在干的项目，这些就足够了，而且还会得到他疑疑惑惑的提问。于是你得到了机会，以便向他作出有关他做这项工作已有足够能力的保证，你会从他的脸上得到笑容。这才是博士后第一次带本科生的关键：你和他之间已经熟悉了。

在你实际指导学生的过程中，你会发现学生们在科学研究能力方面处在不同的“谱图”上。通常他们会在两个极端上。比如一边是这样：他生来就好像为了科学，你知道，他干活井井有条，而且总是处在工作状态，对贵重仪器又是那么爱惜。另外一些：可能在所有这三个“指标”上都没有到位。作为博士后，你应该是宽容的。这就是说，你得在自己每天满满的实验工作之间，很快学会找出时间，一方面指导一位名副其实的科研助手，他会有规划地给你有用的结果，另一方面还要用你的时间和精力指导另一些很难出科研成果的学生，不出成果当然并不是他们的过错。

你的导师应该是指导这些“项目学生”的老手。但也要注意这些老手的具体做法，有时会影响到你的具体做法。比如说，有的导师会过多地关注那些看起来是科学研究好苗子的学生，而对于其他同学则任由他们去挣扎。而你遇到的是，有些被认为毫无希望的学生需要你一点点激励时，你怎么办？比如说，假设你指导的那位国际一流的懒惰学生，被

一次他自己才知道原因的失败搞得似乎完全丧失了信心，怎么办？或者是这样，这位只知道埋头耕地不知道抬头看方向，一直坚持要犁那块孤独又不出结果的“田”的学生，终于用又一个“愚蠢”的问题，把你搞得十分苦恼。不管这样的学生是谁，他和你在一块儿工作，你作出努力去认识他，是有意义的。你的一缕阳光，在他是春光一片。如果你的热情展现得足够早，那么许多问题在尚未萌芽之前就会消失了。如果你准备好在你带的学生身上花时间，那么甚至毫无希望得到结果的学生也会因此得到应有的好结果。

如果一位科研好苗子选择了你的项目，你应该是幸运的。在他做课题时把一些你的时间给他，把你的研究经费让他用一点，这样是最正常不过的做法。但是，尽管你付出了努力，个别学生身上出现的那些对工作的不胜任（打破实验器皿）、不可靠（没有工作热情），或者低的产出率（不了解要做满一天的研究才有一天的结果）仍然会存在。说到底，他们是在攻读学位，所以你最好放弃一种简单的做法，即到你导师那儿抱怨他们，正确的做法是热情地对待他们，直到他们动起来。较真一点说起来，多数学生处在这两个极端之间：具有某些天资，但需要许多与科学相关的技能训练。

无须多说，你每个月花费少量时间，整理你指导学生的方法，相比于每次有新学生时只是在一张纸上涂涂改改那样的指导，会节省许多时间。另外，对于各个研究项目写下一个简要的说明，极有可能避免后续的一些疑问。这些说明书会给学生提供有用的小技巧，这些小技巧你决不会写进正式的文件中去，因为不知道这些就不能称为熟练的研究者，比如说如何在某个角度下精确地握住这个仪器，诸如此类。

同时，有规律地做一些事，比如在每个星期把那些主要任务或实验

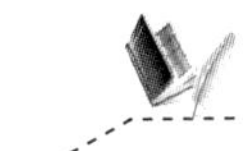

清单写出来，将帮助学生们记住他们必须做的工作。这样的清单在提供内容时可以更细到那些可以达到的短期目标。其实际内容是你和你的学生所同意他们要做的实验，就好像一种合同。清单也帮你保持你的轨迹，你也许在自己的实验上忙忙碌碌，有时会完全忘了一个星期之前你建议学生所做的实验。

这里要说一说重复的必要性。由于某种原因，克服自然现象中的不规则就只能靠不断重复的实验，学生们从直觉中就能知道这一点。同时，对学生们还要强调必须对结果做准确的记录。另一个重要的事情是对每个样品要有一个标签以区别它们。第一次接触科学研究的学生往往缺乏编码的意识，他们从小至今恐怕也没有“取名字”的经历。有时候样品只有一个，但样品的个体却有上百个，如不加区别，就不可能讨论不同的试验，而且会导致对研究结果的错误理解，浪费了实际上得到了好结果的实验。这种情况也是刚刚进入专业圈子的年轻人的特点。实际上你也许只需要简单地记住试管A和B中各有什么。

研究工作的性质使你在碰到疑问时没有可用于处理它又事先计划好的时间。能够从容且幽默地处理不可预见的一些事是实验室幸福生活的基本前提。你需要把这种能力作为你的专业和指导技能的补充。多数时间里我的学生来找我，都是一些急的事，不能再耽误时间。没有经验使这些学生总是在最后一刻想起了这事不找导师商量或签字是不行的。有时你的学生会“摔倒”，试着让你此时对他们的帮助十分简要，能让他重新“站”起来即可。除了所有你的详细笔记，以及许许多多用于鼓励学生的词汇，科学的传递性质使得你时不时地要做手把手的传递。记得我刚带硕士生时，某些数学的推导工作就是要和学生一起进行才行。其实，在我攻博之初，指导老师对我也是这么做的。当你用语言让你指导

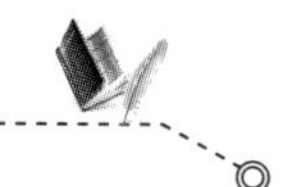

的学生研究什么而毫无结果，你不妨试一试用20分钟、30分钟去和学生一起解这个题。时间长了，你会体会到，作为一位博士后的重要工作之一，就是要做“解题人”或“释疑人”。

（原文发表于《科技导报》，略有修改）

讲座21

教学工作是改进科学沟通技巧的好方式

刚刚从博士生陡峭的学习“曲线”中解脱出来，还没有被一大堆行政管理性的表格、文件弄烦，你是不是一位专职的研究人员？如果你从来就没有想过要有一个自己的独立研究组，那么你必须掌握那种在你面临最初的讲课经历时，对你所要求的上课技巧。教学工作是改进科学沟通技巧的好方式。我们大家都知道那些在各专业科学共同体中的许多成功人士的杰出交往技巧。一个班的一年级新生看起来就像学术会议上那些熟悉人物以外的新世界，为了让他们明白科学共同体的信息，我们也许要十分克制，少讲啰唆的话。而且我们必须改编我们的语言，使其传播方式适合听众。对学生讲的话，如果你能通过剪裁，使他们既感兴趣而又易于接受，那么请对你的同事也如此。这会是一块香甜的蛋糕。

在面对教学任务时，有一位博士后自己挑战了自己。他表示不但要上好这门本科生的实践课，而且要从零开始设计这门课。他发现，这门由来已久的实践课完全会成为教学实践的缩微世界。他最初认为，这门课要么只是高中里一门合适的课，要么就是自己研究的一部分，于是对其进行改写或打印成篇使其适合于讲课。他问自己："一位本科生的毕业实践要达到什么？"当然，学生们需从实践中学会一些东西，特别是那些在他们的前头等待着的真实科学。但是，除上面所说，一门好的实践课应该能激发学生的想象，让他们得到科学方法的第一手体验。在结束这门课时，即使所得到的结果一年前就已有了，也得让他们感到自己像一位科学家。也许，除那些他们遇到的与项目有关的特殊业务信息以外，学生学习的主要目标应该是开始实现一种新思想，即如果你的实践课是粗心的，且又不愿做出努力，那么你只能得到连你自己也不会相信的毫无意义的结果。

那又应该如何组织实践课呢？以下是几个关键节点。

1. 实践课不是研究。实践课不是一次原创性研究，甚至也不是与它紧密相关的其他任务。在你只冥思苦想自己的项目时，你很难会去想那些你正在做的事以外的事务，特别是你对自己的项目又如此熟悉。忘掉自己最近的成功实验的清单，让你的实践课基于某些已经发表的东西，即使这些并没有被广泛地接受。

2. 让项目的实施令人感兴趣。你也许已经发现，许多东西是令人感兴趣的，但在心里要明白讲课的对象。努力使自己记住科学怎么改变了你，使你在自己的研究中产生了转折。有一件事是明显的：如果学生们不明白其中的关键点，那么他们很快就会失去兴趣。若你不能抓住他们的关注目光并在他们的记忆中送上什么深层的东西，他们又为什么要写

一份上课计划呢!?

3. 要看得见且明显。在一个人数有三位数的大班级中上课，你必须保证每个位子上的学生都能看得见。

4. 使你的安排可行。如果你的实验性的准备已办好，也就无正当理由认为在实践课开课时，它就不行了。但是，我们研究的是“自然界”，要记住使实践课健全且可以做到。

5. 使实践课短时内可完成。课时有限等压力通常要你尽量缩短课上正式接触的时间。当然，如果你幸运，你还会有一两个小时的时间用于解释你的整个安排。记住，犹如在所有信息交换的场合，你的口头信息须清楚且简要。

6. 使实践课费用尽可能便宜。一般不寄望一些材料还可以重新使用，因为许多课用材料会被用废。

7. 使实践课安全。会有一些学生在动手时并不听从你的指令，这样的话，你得清楚你允许他们干什么或不允许他们干什么。一定要记住，安全第一。

你可能一步不差地按照上述指南做了，心里还是对应该花多少工夫不兜底。当然，做足够的准备总是比准备不足要好得多。回想自己在做本科生时上实践课的情况会给你一些启示。在那些日子里，相当一些本科生并不重视实践课程，即使是一些野外共同完成的作业，本科生也总会感到难以在规定的时间内完成任务。你若想到了这一点，就会想到要做些什么鼓励勤快的学生，并鞭策较慢的学生。你当然首先会想到自己布置的任务要让学生在有限时间内能够完成，但个别“游手好闲”的不能这样算。你心里还会想到，若上课后时间允许就应该有进一步实验的考虑，以免措手不及。你也许还会整理出一份清单，上面提供若干个问

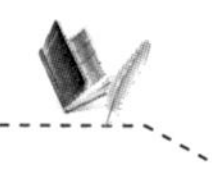

题，这些问题可以让那些完成课程内容快的学生在课堂上就能做完，或者让那些追根求细的学生在稍后完成。你不妨想一想，这些不同类型的学生中，谁最可能走向成功呢？

你有一份课程计划以便于掌握课堂进程。下一步你要花些力气到那些发给学生的实践课提纲材料上。这些材料当然应该有你的“标新立异”，比如说，如何使它简要但又具有足够的信息。对你认为重要的或学生们应该格外注意的话，可以用黑体字打印，使你的简短导言适合学生们动手，准确地告诉学生面前有什么东西，精确地一个步骤接一个步骤地告诉学生如何做，做什么。如果所有的学生都不能在实践课动起来，原因会在你那里，就像小时候玩传递手帕的游戏到了你手上停了。请记住，关于实践课的主意理论上应该是简单明了的，你交给导师的也应该是这样的。想一想如果遇到的班级是老师们私下说的“没治了”的班，你会产生多么不情愿的窘迫，尤其是当你已经听到过别的博士后或初次上课的老师那些谨慎的抱怨：他们教的班没能按照预先计划好的进程上完课。

你还得记住在上课之前的最后瞬间，仍会有麻烦。也许你在心里想，这样的课年年都有。但不要忘了，即使是一位有资历的教师，也可能从去年以来就没有为这样的课做过准备，于是该准备好的仪器可能处在尚未使用的状态，也没有可能用作下一次使用，更有可能的是有关实践课说明或指导用书的母本，已经不知道放在哪儿了。最后的结果会令你震惊：这个课只能改期。你一定不希望这样的事发生。所以，每年的实践课都该是从草案开始。对于博士后，这个课是全新的，更会出现“最后的麻烦”。实验室经常会有这样的吼声：“再检查一遍，它必须动起来！”

让我来转述一位博士后的一次经历。这是他的第一堂课。早上，磕

磕碰碰地擦过那些挤在走廊上等待的学生，走进教学实验室，看到有关的东西都齐整地按他的要求放在那儿了，他有了些许放心。他知道他的准备是充分的。

要在100名学生面前讲话并且让学生按部就班干起来并不容易。在呼唤学生们的注意力时，他惊奇地发现自己站在他们面前就像一位军人在上训练课。“好，我们开始吧。”他大声地说。其实他并没有如何控制整个场面的计划，但看来这句话管用，教室内一下子静了下来。此后有一会儿，他看着大家，大家看着他。

就在意识到这个场面之前，他开门见山地开始讲解课程内容了。每讲一层意思他都把大家的思考引到他先前仔细准备好的实践课指南上去。接下来让他松了一大口气：他告诉大家开始动手，所有学生都走开分布到实验室的各个角落去了。“我的课动起来了！”他心里十分喜悦。

多数学生有能力读懂课程说明，看清实践课的每一个步骤，按叙述清楚的操作过程做完实验。没有多大一会儿工夫，他开始鼓励学生是否有问题要问。他就是想知道，这些实验是否能在学生们的手上做出来。随着时间的推移，他的担心一点点消失了，他以欣赏的姿态在教室中走动。

虽然不免有一两个小组的学生采用了看来不会有结果的方法，但大多数学生的实验进行得较顺利。他相信，他们正在学到一些东西。

这位博士后也认为自己“听”了一堂很好的课。一是要有改变某些计划的思想准备，如果计划的执行中有一些内容做不出来。二是要讲科学。比如他让学生们称量一个试剂，尽管他知道在这个实验中大致估计重量也是可以的。当他看到学生们在电子天平这样的精准量具前排起了

长队时，他叫停了。“你们只要把试管中试剂的一半加进去就可以了”，他大声嚷嚷。他意识到只要进展顺利，并不一定要按照程序分毫不差。

还要提醒一下，为了上好课，你当然还得学会计算机投影技术，我在前面已经讲了这方面的事。

（原文发表于《科技导报》，略有修改）

讲座22

科研质量是成功地申请科研经费的根本

你成为博士后以后，知道自己需要申请科研经费。国家教育部和一些高校设有博士后基金，科研经费中最好的是国家自然科学基金。能够申请到科研基金或经费，资助博士后工作，可大大增强你走向成功科研生涯的信心。

能够完全抓住这样的机遇当然值得庆幸。但是，即使你相信自己已经有了一个从科研上讲能够实施、又具有重要意义的研究设想，要搞清楚眼下是否就是提出申请的时间，也会使你犹豫不定。你在心里当然已经知道所有提供资助的机构对申请会有较高的要求，你担心在眼下就申请“早了点”。早在哪里呢？你实际上在犹豫自己积累的高影响因子的期刊学术论文是否足够？你的确要面对这种积累的事实。尽管学术论文

远不是科学共同体的一切，但没有学术论文，你就不大可能在科学上走得更远。

虽然个别博士后会考虑再申请做第二个博士后，以便在学术上有更多一些积累，我的意见是不要在论文的多少上过于犹豫不前。一边抓紧完成已有的科研任务，一边等待申请的机会，也许是一个好策略。值得推荐的策略是走出个人申请的模式，争取实现团队申请模式。与人共同申请，就像许多学术论文有共同作者一样。在你建立了有能力独立从事科研思考的声望后，与你当前的或可能的导师一起申请科研资助，允许你对所设想的科研有知识产权方面的共同所有权，可以使你在今后给出招聘申请书时，得到许多。创造出博士后工作中的自主性和独立性，使你在安排自己的后续科研生涯，特别是研究方向时，会有出色表现。要早一些考虑好你下一个科研申请的“聚焦点”。这里的“钥匙”在于充分顾及诸如“这个研究是否具有可能被资助的性质”等问题。也要研究一下你准备提出申请的那个机构的优先资助政策是否包含你的申请。国家自然科学基金会提供了大多数基础研究资助，并且每年都在增加资助的广度和力度，即使如此，也有该基金会并不资助的研究方向。各省的自然科学基金大多和本省的发展关系密切，有些大型企业也资助科学技术研究，到因特网上搜寻一下则会使你了解更多的这种机构和机会，只要你的科研设想是有价值的、可实施的。打个电话问一问是个好主意，问一问这些资助机构对你的研究方向是否感兴趣。

个别有资历以及较有心计的研究人员会提出这样的申请经验，即在写科研申请书时，最理想的状况是在申请之前手上已经有了这个研究的多数结果。这种方法当然绝对保证了他们今后的成功，同时还会有更多的经费资助走向他们。但是，你绝不在这种状况里面，你目前要达到这种优势几乎是不可能的。你该怎么办？说到底，你心里只有一些假设而已。有些与你竞争的申请人在申请他们下一个资助时会把早已准备好的图表加到申请书中，你却没有。至此，可以看出你的任务是要挤进一个由早已功成名就的学科强人们组成的“排外”的“俱乐部”，这些学术专家思维活跃，且与你相比几乎都至少已有三年的科研资格。对于这种情况也没有简单的答案。可以说的也许只是，除要继续保持你在当前科研中领先的优势以外，不妨着力积累其他一些结果，一是这些结果能够使你保持在博士论文完成时的那种课题上的领先性，二是这些结果还能够让资助机构给你哪怕些许的资助。

你需要的是，在你的领域中最热门、且又可能还被忽略的地方开展科研，以此作为目标毫不放弃。这有点儿像与人争饭吃。“我哪里还有更多的时间做更多的实验？”我想你会这么说。这的确也是事实。但是，要在这个努力上得到果实，你需要的其实也仅仅是稍稍有一些新的结果。一两个小规模的实验可以是一个开始。你也能看出来，这一两个实验提供不了完整的结果以便用于写到科研申请书中。但是，至少这已经比仅有几个科研主意又没有可以支持的证据好多了。你的申请书中思维性的味儿越少，就越有可能得到资助。说得明白一些，如果你有一个好主意，别光把它写进科研申请书中，做一两个前期性实验，使手中掌握实验的结果。我们都知道“一图胜千言”，它可能会极大地帮助你得到科研资助。

值得指出的是，在提出科研申请时，你的申请能否成功的最重要因素是科研的质量。高质量的科研通常会得到资助。但还是有一些更需要你考虑周详的因素。即使一位优秀的科学家，做着高质量的科研，也定然要为科研资助而“争斗”。除此以外，科研申请应该展示你这样的能

力，即你是在以最好的方式在最合适的时间向合适的机构申请科研经费。

一份优秀的科研申请会有一些突出的特点，如问题的重要性、及时性、新颖性、可行性以及提出问题的方式。相当一些申请人不会解释课题的“大图像”，常常迷失于细枝末节的叙述之中。你需要把自己的题目放到一个更为宽广的领域中，并说明为什么是这样。及时性是重要的但也是棘手的。在科学技术中任何时候都会有“时髦的”或者叫“热点”的领域，只要你从主流的或者交叉学科的学术期刊中拿出几期来随手一翻，就可以知道它们是什么。这些通常是令人激动、发展迅速的领域，但也是竞争十分激烈的领域。许多优秀的专家，包括十分权威的专家在这个领域中工作，他们极有可能要评审你的科研申请书。这当然不是说你在这个领域中不会成为一个成功的竞争者，特别是当你有在良好的实验室工作、学习过的经历，且又有发展自己的技能时。当然，你得认清这种竞争形势。另一种危险是“走在了你的时间的前头”。刚刚成为博士后，你在写申请书时太激进或者意见过于武断，都会被有经验的有时是保守的评审者给出不利于你的评审结果。

能够得到科研资助，是在科学上得到成功的标志之一。能够得到许多经过评审专家评审的资助，是一份极有工作机会和发展前景的个人简历的重要部分。人们说“钱会说话”，的确如此，即使在科学技术上也是一样。要得到资助的确不容易，特别是对于博士后。不管怎么说，我祝你申请成功！

（原文发表于《科技导报》，略有修改）

讲座23

走进科学共同体　助推你的成功

在一场特邀报告开始之前，当主持人介绍报告人的简历时，你常常能听到报告人科学技术的生涯其实开始于与今天他正从事的工作相当不一样的领域。同时，当你详细了解其他一些专家的出版物和科学文献清单时，你看到科学技术专家们在从事专业工作的初期经常改变他们的方向。这样看来，对于那些在目前的方向上辛勤工作但又感到并不特别适合自己的脾气和能力的博士毕业生和博士后来说，完全可以换一换方向。你用不着担心这样做会有损于你的履历记录，相反，你对此坦然和若无其事，在言语上你是积极的——改变科学技术专业方向使自己成为一个学科交叉的专家，使得你把自己的专业和自己的兴趣结合为一体。最终，你在完成某个研究时再也不用为自己的工作打这样的圆场：我搞

这个研究仅仅是因为我最了解的是这个方向。在任何情况下，你的简历远远不只是你所熟悉的技术的清单，最重要的卖点是你处理和解决新问题的能力。大专家们在需要使用一个新的仪器设备但又从来没有用过它时并不会失态，他们会找到能培训自己基本要领的人，然后就逐步熟练起来。这种稍稍有点儿自大的学习新技能的姿态，是你走向成功之路的组成部分。

你正在从事的博士后工作，是使你成为能够被同事接受且又老练的科研工作者的极好机会。这样的科研人员了解科研中的得分之处，能够产出结果。所以，如果你已经得到了博士后这样的一块跳板，就该动脑筋，准确地找出来你所热爱的（或者憎恨的）是什么样的工作。认清实验室中你厌恶什么与认清你点亮的是什么样的灯是一样重要的。先要认认真真地反省自己。如果可以后退一步，那么就十分理性地做一个决策，让自己从事一个特定的专业，也许你的机遇会使你避免走向任务繁重但又不适应的方向。

如果工作老是不顺，我想你可以尊重你的直觉，也要承认自己或早或迟在上班之后需要独立工作，这是你喜欢上工作的开端。

一般地说，科研人员也可以分为两类，你或者是主意多的那一类，或者是善于动手的那一类。人们的经验是前者往往瞧不起后者，有时会稍稍流露那种知识分子的蔑视。作为一个博士后，你总希望从你所处的新的科学群体中获得尊重。你想在群体中有什么样的形象，留下什么样的口碑，其实是取决于你自己的。首先，想想你希望得到什么样的评价。除了被评价为是一个既有好主意又在技术上有创新精神的人，你至少还应该具有以下某些特点：

你应该是可以信赖的。你遵守科学共同体的规则，言行一致。你不

仅会说，你也会做，做得果断及时。你写科研报告时是这样，你到邮局寄样品时是这样，你帮助别人时也是这样。

你应该是勤奋的。你若在实验室睡眠是不可能有人尊重你的，为此你至少也要整天在实验室做研究。你在实验室里“转动盘子”要让人看起来舒服，如果可能，避免生气，生气使人感到你不适合实验室的工作。

你应该有独立个性。只要这样做并不使人烦恼，你就该坚持。这样做让你被大家所注意。我们所有的人一方面要从某种程度使自己成为我们所在机构和科学共同体的一部分，遵守其中的规则，一方面得使人们知道你并不害怕有独立个性。作为结果，很自然，人们会想你的所作所为是不言而喻的。

你应该是谦虚宽容的。永不吹嘘，但要有自信，好像你所做的事也没有那么火烧眉毛。要友善，有笑容，同时又从从容容。在实验室绝不趾高气扬，也不沾沾自喜。怀疑和热情虽让人不舒服，但它们是成功的二部曲。

你应该是一位一流的网络工作者。你接手那些急迫的联系，能从各种渠道找到仪器设备和供应商。你在购买时到处转转，节约了不少经费。

上面这样的要求还可以往下写，但不写你也可以想象出来。在科学技术这片大森林中使自己有一个成功的经历，其中相当一部分其实是想象和洞察力。你被科学技术同行们的认可是一个许多年的过程，因此，你应该尽可能早地让你的面孔被你所处院系所之外的那个厉害的世界里的人们认识。这需要你进行许多高层次上的协作。到现在为止，你和博士生们混熟了，也和较早的博士后们聊过了，但是你只是和必须谈的那几个学术带头人有较深的谈论。你有没有找过那些真正的大专家？你需要树立信心直接走到这些人面前，和他们有所交谈。成为一名“博士”

在这方面给予了你实质性的帮助。你已经可以与大专家为伍了，并看到他们其实就是真正的“一个人”。你的经验告诉你，在大专家们的学术报告之后，通常要有很大的勇气去向他提一个问题。但在与他们相处时你就会发现与他们交谈容易多了。你可以寻找任何机会与他们亲近地交谈，但不要使自己看起来像个游手好闲之辈。学术会议是十分不错的机会，但你会感到惊奇，若要把他们邀请到自己的实验室，重要的访问学者竟有这么多。对于这些学者你绝不可一开口就只谈自己，那样他们会对你失去兴致。所以，不妨在心里先考虑好一两个他们会感兴趣的问题。

在科学研究的生涯中，你较早就会碰到那么一天，即你感到自己有可能实实在在地在21世纪科技大军不断增长的规模面前，挤进去找到一个固定职位。你知道就业问题并不那么有保证，还有你手上尚未发表的科研结果，以及一些还没有得到资助的主意。尽管如此，某一天你看到了你的将来就在前头。当这一天到来时，你看到自己就是眼下所做的科研工作的那个科学共同体的有潜力的新成员了，也就是说，你有了自己的实验室，你有了自己的科学发现，至少你对自己的未来有了某种程度的掌控。

作为一名有潜力的将来的学术带头人，你需要进取心十足地与许多眼下的学术带头人说说话。这样做时，你可以向他们问问合适的问题，你很快会发现，他们中间很少有人会说他能解决你的问题。请不要气馁。你经历的那些疑问并非异常。在你以这种方式走进科学共同体时，你和他们曾经所干的、所经历的是差不多的。

在上述情况下，你被科学共同体接纳为新成员，你具有上述那种“可信性”的指数，即你有他们并没有的某种东西，这是无疑的。这也许就是你在一个科学发现和创造的结果中的作用。这一点至关重要，倘若不是这样，可是一件不小的事。你意识到科学共同体中的学术带头人是因为你有某些优点而让你成为他们的“俱乐部”成员，但是你知道他们是怎样才知道你的这些优点的吗？如果你相信他们还处在对你不了解的状态下，特别当你是新的科技人员时，他们肯定不太了解你潜在的优点，你就得和他们有所来往，要对科学共同体的活动有主动精神，主动“告诉”他们自己的优点。比如说，可以说说自己的科研小故事小细节以及一些个人的经历，由此，他们对你的优点就有了了解。

要在世界舞台上留下你的烙印，你需要成为交流方面的专家。要成为一名成功的交流专家，你需要在交流中提供有质量的信息，也就是说你有某些可以让世界舞台上的专家们坐在那里对你产生注意的东西。为了使你的这种“质量性”指数最大化，你当然就要聚精会神做研究，一心一意求创新，在科学共同体的活动之中多讲讲你的研究结果，然后才去正式发表。这是科技人员早期经历中的共同现象：在你出名之前，你为了发表自己的工作和结果而竭尽全力（注意：当你在一个著名机构中搞研究时，你碰到的是不同的现象，你要向科学共同体表明你是有特色的个体）。即使如此，在这些结果被印刷出来以前，你可以很好地让它们为你工作，它们是你申请科研经费和在社会上获得良好声誉的“燃料”。

让你的名字被人们所知晓，这是在你早期工作经历可以操作的一件最重要的工作。你希望成为科学共同体的“有效”成员吗？你可以通过作学术报告来实现。但要注意，在你做口头报告时如果脸上毫无表情，那么你等于是在告诉听众（他们是专家！）你对自己科研结果的意义其实并不清楚。除非科学共同体中的人们看出来你好像也是一名“玩家”，他们甚至都不会让你进入他们的“比赛”。要参与这样的“比赛”，你在

介绍你的工作时就要使自己“站在跑道线之内”，当然也不必谈得过多，给予过多。有时候我们会赞美羊儿的天真，但我们也赞美狐狸的聪明。在科学世界竞争而无情的现实面前，机敏是一种有价值的姿态。做学术报告只讲到“足够”让大家真正认识到你的结果有多么重要。在你收到学术期刊的编辑来信接收你的论文之前，关于这些结果的更多信息再不能过于开放，这也足够重要。但也不要摆出自己仿佛是一位新的大明星的姿势，这使人生气。对你所有合作者的谦卑和敬重，使你看起来更像一位成功的伙伴。你脱掉帽子向人表示敬意和恶作剧者脱掉帽子让人难受之间存在着令人惊奇的精确界线。1985 年我在厦门参加学术会议，报告后一位年长我 10 岁的专家主动上前，给了我合作的机会。显然，在我的学术报告中，他看到了一些他所需要的东西。自那以来，我们之间有了 20 多年的合作。

当你通过正确的理性思维考虑到了那些看起来令人迷惑的科技界正常运转中的潜规则时，科学与技术日常的工作就成为简单的事。当你具备阅读这些潜规则的能力时，也就表明你深层次地进入了科学共同体。潜规则的简单之处在于：学术带头人希望成功。对于所有的重要性和目的而言，成功直接等同于那些具有高影响因子的学术论文。它们代表广泛的影响。除非这些学术带头人及其团队转到了新的领域，提出了新的主意，所有的学术带头人总是乐于看到他们自己的论文和论文被引用的次数都在增加。把科学的边界向前推进是科学共同体所努力的目标。这样，每一位学术带头人总是与此种发展相关的。在最低程度上，也是与科学的维护相关的，比如提供更多的数据以增加他们心中对科学的理解。从原则上说，这里似乎有点自相矛盾：一部分学术带头人及其团队的发展既依赖于另一部分学术带头人及其团队，但同时又相互竞争。

随着时间的推移，你会和足够多的优秀人才有所接触，你一定会发现他们彼此之间在交谈时会谈到你，令人欣喜的是这种交谈总是互补性的。你的可信赖程度的一个重要标志，是当你遇见某个人时，无论你以前是否见过他，他都知道你是谁。当这样的一天当真来到你面前，你就可以知道你正顺利地走在通向成功的路上。

（原文发表于《科技导报》，略有修改）

讲座24

学科交叉是产生创新概念的有力工具

在科研生涯的早期，科研看起来就是一轮又一轮的经费申请书、壁报学术交流、口头报告以及科研报告，更不必说那些没完没了逼迫你快点交差的实验。有时候，你看起来就像世界一流装配工厂生产线上的工人。这一阶段一个明显的陷阱，是你聚焦于你的具体研究，越来越深，在科学的大图像上丧失了眼光。这将减少你从别的领域得到营养从而丰富你的科研的机会。即使是在科研的早期，你也得确确实实地在学科交叉上做些努力。学科交叉上的收获，是你科研活力的“武库”，是你产生创新概念的有力工具，也是你得到高层次学术岗位的“护照”。

那么，怎样才能在你走向独立科研工作时，拓展你的知识呢？有许多简单的方式。

就阅读而言，博士后工作要花费很多时间，博士后不大可能再费半天时间到图书馆去查一查那些不太引人注目的期刊，就像在念博士的那些日子里所做的那样。摘要搜索是部分答案，特别是在尚找不到那些载有全文的期刊时更是这样。这种搜索工作还可以通过使用那些专门学科的网站得到解决。各学科这样的网站现在是多起来了。科学家个人的网页也是你不熟悉领域的咨询平台。好的网页会提供他们科研的综合述评，许多有用的信息以及链接，还包括免费下载作者的全文论文。今天我们所生活的时代，一个真正令人兴奋的事情是，每一件事似乎都可在弹指之间得以完成。

至于说到学术会议，你不必拘泥于随大流。至少在有些时间里，试着让你的同事去跟随会议的主流。你在此时可以抓紧时间浏览会议文摘，看有没有吸引你注意力的论文。跟着你的直觉去吧，你肯定会在某些地方发现可能对你有用的东西，退一步说，它也可能是吸引你的东西。排满壁报的大厅是另一个用以搜寻新主意的“金矿”。当你以这种方式搜寻时，你是在寻找别人的工作和你的工作之间的联系，且在你的领域中尚无人想到这种联系。也许，在别的领域人们已经想到了用新的方式来研究，而你的同事连做梦也没有想到。当然，若是一场竞争，那么他们这样做肯定已经有一两年了。你的机会是首先得到这个概念。你有机会掌握这一新的技术或一个新的主意，接纳它，使你在自己的领域成为它的专家。你说是不是？——在看起来与你不相关的领域里，早已产生了有利于你的研究的光芒，而你甚至还没有意识到这缕光芒。

你一旦开始这么做，不用多久，你就有可能对你的博士后导师提到一些他从来没有听说过的关键词。更好一点说，他或者她，已经在学术会议上听到过这个关键词，但并不知道准确的含义是什么。你马上会被

称为实验室里的专家，你也许会被交予更多的寻找新概念的工作。新的信息源离开你原来的研究领域越远，那么你得到的潜在奖赏越大。在这个游戏中真正的得分在于，这将越过它的特定的科学边界，而使不同科学领域的人们共同工作，化学的和工程的、生物的和物理的。

科学中原创性的思想是厚积薄发的，只有少数人会感到自己具备了创新的能力。大多数的研究仅仅是别人已有思路的扩展或者接纳。但请记住，科学技术研究中的潜在创新并不会因为这个事实而逐渐消失。如果你喜欢自己在原创性工作中也占有一席之地，那你就应该少计较一点自己所从事领域中大量文献里的每一个细节，相反，试着到其他领域“探宝”。这样做，你也会像那些进入了“大”科学的人们，能由此得到有利于成功科研生涯前景的丰厚“红利”。这是因为只有少数人愿意接受这种跨学科的挑战。在你学有专长的研究领域之外，哪怕一次小小的调研，也会让你走长长的路。

下面我要谈一谈你在科研中得到的“大”主意。

当你看到或听到令人激动的事时，例如一个你一直在追求、并认为真实的没有公开发表的结果，特别是你自己想到了本来就感到激动的事情，你的第一反应就是告诉别的人。当然，这样做，一方面显示出你的科学直觉是多么敏锐，另一方面，如果信息是从另一个科学家那里来的，这正好又显示了你在建立你的联系网络中是多么成功。但在你希望与别人分享你的主意时，无论为了给人以好印象，还是为了证明你的主意和实际是一致的，你都要相当小心。是的，作为一名正在受训练的科技人员，你须通过核实从别人那里看到或听到的，懂得哪些应该，哪些不应该使你兴奋。在你科研生涯早期有一个分水岭，从此以后，你必须学会紧闭嘴巴，同时开始改变说得过多的习惯。这里的奥秘是要发展使

自己成为一名独立的科技人员的自我信心，用另一句话来说，也就是发展你自己独立思考能力的声望。

成为一名成功科学家的关键之一，是你得建立起以自己出主意为主的研究工作或研究方向：你曾经没有时间（也没有钱）但又十分想做的实验。如果在你博士后工作中遇到了瓶颈，那么在你的研究中使用的方法越多越好。请把积累一些经挑选的“秘密”信息作为一种仿佛享乐的习惯，这样，到星期五下午，你就可以“把玩”它们，看有没有值得实施的某些东西。成功的科学家往往就是这么做的。他们产生一些主意（这些主意并非完全属于自己），把前期实验当作很好的平台，反复“把玩”那些主意，一旦得到自己想要的东西，就抓住不放，推进研究。在上述循环中有一个薄弱环节，即让这些信息在你头脑中保持沉默，有时长达几年。如果坦率地问一下自己，你至少出于某种本能也会给自己或在自己最亲密可信者之间保留信息中的“含金矿”。在实践中，守密比不守密要难一些，特别当你是个“多嘴多舌”的人时更是如此。不管怎么说，当这些信息涉及潜在的重要意义时你就得控制自己可能冒出来的与人分享信息的热情。

这样做，指的是不要对人讲那些敏感的信息，比如说不要把这样的信息用电子邮件发送给正在与你的竞争对手合作的另一个实验室中的伙伴。当然，还指的是在会议壁报分会场上不要把你知道的一切都展示出来，也不要在会议口头报告结束时的提问开始后，一激动就把这样的信息滔滔不绝地讲出来。请学会在充分的学术交流中有一点点戒心。这当然也不是让你变得卑怯或者不诚实，撒谎在任何时候都不是研究人员应该有的道德。但是，选择不使你的宝贵信息随意与人分享，肯定会加速你的成功经历。

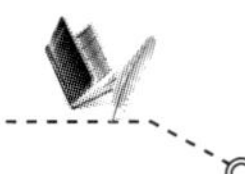

成为一名成功科学家的另一个关键，是要走进而不是远离你所在领域的科学共同体。专业期刊和学术会议的存在都说着这个科学共同体充满活力的一个个故事。若要成功，你怎么可能一辈子从事这个共同体的工作，却又一辈子只是听故事的角色？一个博士后以及博士毕业生走向成功，就要多说一些新的故事：在学术期刊和专业会议上发表原创性的研究论文。前面我说到的大主意，说到要学会积累一些经挑选的“秘密”（属于自己的）信息，这些都是在科学共同体的大背景下说的：你需要在这个共同体中建立起以自己出的主意为主的科学研究和学术声望。你的导师怎么办？是否对导师也不说？这似乎是两难的。假设你要到另一个实验室工作，那么你与导师之间亲密的科研关系看起来不会永久持续。你会与导师终身保持联系是不假的，但你会发现你需要学会哪些对导师讲，哪些不讲。事实上你也不再能有许多时间——像在同一个实验室那样，与导师随时讨论讨论科研。你与导师的话语将体现强烈的选择性。解决这个问题的最好办法，是把导师作为你走向自己所在科学共同体之时和之中的一个重量级人物。你将要在此成功，你当然应该知道，除了尊重，还要如何与科学共同体中的同事，特别是重量级人物，进行科研协作和交流。

当你最终在与自己原先专业一致的另一个实验室工作时，这种两难会更加强烈。绝大多数学科组的学术带头人被一件事所激励着，这就是声望。谁不知道，学术声望绝大多数来自学术论文和专著这样的出版物？你的导师对于有声望的论文肯定可以用梦寐以求来描述，你的科研结果和主意还有你的联络信息，将是满足这种渴望的极好粮食。

在你离开博士后流动站到另一个实验室时，你的导师将继续在他们的交流中用到你的结果。当然，你的贡献应该得到尊重。但是如果你在

走时留下了那些“敏感”信息以及好主意，以便它们能得到发展，你应该明白这样一个道理，即当你谈到你的主意时，你正在拒绝一个自己去实施这些主意且无障碍的机会。有些人会错误地理解你的这种开放性，认为你对实施这些主意无兴趣，你在邀请别人做实验。和别的科学家一样，恐怕你的导师也会产生这种理解。有时候你还要会做深层思考，即你的导师也许没有时间来实施一个特殊的思路。

从一位博士后（包括博士毕业生）走向成功科学家，比如你已经得到了一个高校教师的工作，那么，一个 10 年的计划是必要的。你已经有了一个成功的博士科研选题，它通常能使你在该课题上有 5 年甚至更多年的前沿工作可以持续。这可以被称为“五年规律”。但成功的人生现在需要一个 10 年的计划相辅佐。你潜在的科学技术领导（你的老板）需要你有想大主意的能力，但同时他要看看你的大计划是否与这个学院、院所、系室的基本方向一致。当然，10 年意味着许多研究。在人类知识宝库中向着纵深工作着的年轻科学家们常常是如此地聚焦于下一个科研资助或者下一篇学术论文，以至于我们在心中无法处理这种假设中的长期方案。怎么办？你不妨为此来一次长距离的散步，散步时用点时间思考，这将十分有益。起初你一定认为目光短浅与你无关，但你若回忆到此为止的成功，你会发现你还从来没有让你的思想解放出来，思考下一年或后两年的事。在散步两三公里后你有了一些设想，一些粗粗的展望，先是隐隐约约的，后来就清晰起来了。散步更长时间后，你仿佛看到一个巨大的长期计划，且与你今后的研究十分相关，你从博士经历已经轻松地知道从哪里开始研究。当然，你不再散步了，接下来，你要做的是打开计算机：你很快会写出你的 10 年计划。在这个计划中会有这样一些内容，如充满背景信息的介绍性精彩文字（仿佛一本专著的引

言），你的已发表论文的清单和那些已经寄往期刊社的论文，你当前合作者的名单，诸如此类。一句话，认清自己到此为止已经成功或达到的成就以及谁已经接纳了你。你当然还得记住，向基金申请资助是所有研究者都热衷的一件事，这里重要的是写出（想清楚）值得资助你的种种理由。有时间上网查看一下这些资助机构已经资助了什么研究，再和自己的计划对比对比，也许你对于得到资助的信心会大增。第一点请记住：你要成为一名成功的研究者，你必须研究科学共同体公认的重要课题，你的计划显然应该是一流的和前沿的。第二点请记住：你是这个课题的专家。

（原文发表于《科技导报》，略有修改）

讲座25

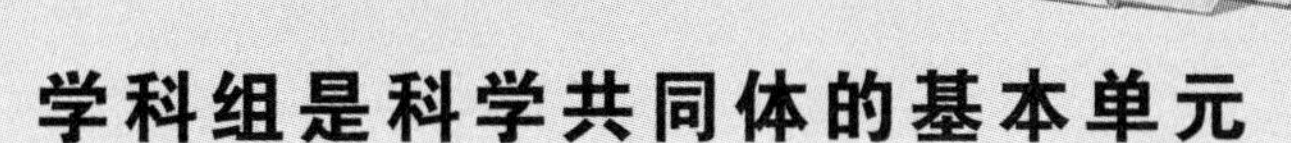

学科组是科学共同体的基本单元

有一些年轻人进入科学共同体成为某个专业的新成员，是基于一种称为“无为”的状况。也许你有一个好的博士学位，你认为搞这样的研究很有意思。也可能你看到许多人留在学校了，所以你也想在学校工作。这些想法不能算作有误，但也不是跨进科学研究大门的最好方式。

科学研究是什么？总其概要，科学研究是关于发现新事物并且把它们应用到改善人们生活和工作，以及与人们生活极其相关的动物、植物的生活方面的一类职业。作为一种职业的科学，对于从事这项工作的人的要求，相比许多年以前要高了许多，而且变得越来越高，对科学研究充满兴趣，实验动手十分熟练已经不够了。

学科组是科学共同体的基本单元之一。这个学科组在共同体中的口碑，与你的成功关系密切。你到某个学科组工作了，这表明你在得到博士学位、从事博士后工作后，决定一辈子从事科学研究（在研究院所），或者又搞科研又教学（在大学）。在新职业岗位上，你知道自己一要主动，二要投入。另外，在这里你碰到了第一件事：如何处理与学科组以及学科组组长的关系。我在讲座2中讲过如何处理与导师的关系，提到了如何与导师交往。与学科组组长及其他成员的交往和与导师的交往虽有不同，但在许多方面是一致的。假如你在攻读博士学位期间实践了这些要点，你把它们带入新的工作之中既是自然而然的，也是十分有益的。你不妨留心一下别的成员是如何贡献于学科组的。请记住自己是学科组的一员，也应该为学科组带来好口碑。学科组肯定会有一些工作需要所有成员一起分担，同时又会让你感到在许多时间里各人在忙着完成各自的任务。学校和研究所每年会对新到岗位的年轻人开设培训课程，这些课程会谈到你进入学科组（实际上是进校或者进所）后对你的有关要求。有的学校在学期之间会开设讲座，介绍你作为科学共同体的新成员必备的知识，例如交流和口头报告的技巧、发表和出版、申请科研经费、访问学者、学术团体会员资格、科学道德以及科学研究的其他方方面面。参加这种培训会使人增强成功的信心，但这样的讲座也常常被实验压力或其他科研压力挤掉了，有一些年轻人甚至并没有得到培训。学科组组长或者学术带头人挤得满满的日程表，实际上意味着刚刚进入学科组的年轻人也许不得不用自身经历或“错误”来得到这种培训，尽管这往往是不可避免的。

在成功的路上，学科组会伴随着你。你和学科组，特别是学科组中的每个人都会有合作的共同需要。你当然明白，学科组的合力总要比你个人的力量大，更何况学科组又是借助学校或者研究院所的声望，得以在科学共同体中活跃着、发展着。

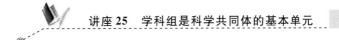

（原文发表于《科技导报》，略有修改）

讲座26

让科研激情转化为每一天的责任是值得的

现在，你找到了一份从事科学技术研究的工作。你可能会想，“从小学、中学、大学到硕士生、博士生，我现在可以脱掉学生装了。”有一些人会想，“我终于可以干一番事业了。”的确如此，但不知你想过你面前出现的新情况没有：你怎样认识将要迎来的每一天？

你现在大概是在28岁到31岁之间。毫无疑问，你正在走向成功。当初你盼望成功，倍加努力，走进了大学，读完了博士学位，得到了一系列毕业证书和学位证书。你在那时的目标是什么呢？现在可以这样说，你在那些时期的所有目标，是以自己的努力，得到成为科学技术研究专家的“资格”，完成称为“学历积累”的过程。“资格”也好，“学历积累”也好，这里的潜台词，是说你已经有了成功科研生涯的坚实基础。今天，已经很难设想具有小学或中学毕业学历的人能够有一天在科学技术研究工作中领导潮流。你的“学历积累”表明你已经在以往的日子里，在科学技术的殿堂里达到了一定的深度和高度，有些已经站在了巨人的肩膀上。

到现在为止，你的“学历积累”具有这样的特点：你得到的机会像太阳和雨露一样，对每个人都是公开的，有确定日期的。你是幸运的，时代作了安排，青春帮助了你，你完成了时代的安排，因此你完成了积累。这中间，会有许多人没能完成这样完美的积累。

你现在到了新的岗位上，在已经过去的岁月中，高等教育体系中科学技术对你的培训，使你已经有了一个十分可喜的“惯性”：你希望一直搞科学技术前沿的研究。“今后，我要好好搞更多更好的科研了”，你会这样说。不错，这样的想法值得鼓励。对于已经初露头角、站到了巨人肩膀上的一批年轻人，这样的前景更是不容置疑的。在新的研究工作中，许多博士毕业生实际上继续着他的博士课题或课题方向，变化不多，由此保持了一流的研究水平和前沿的成果。

你于是以极大的兴趣投入了相关的工作。但是任何人都明白，人们不可能始终处在激情之中，用不了多久你会发现，在科学技术共同体中，并非所有的人都像你那样每天在实验室中，甚至你也常常看不到自己周围的同事，更不用说那些学术带头人了。这些学术带头人中可能还有你的导师。你开始怀疑自己的想法，你感到努力的方向不像以前那样明显和明确：拿到学位。

你的感觉再一次告诉你，你不再是学生了。这时候，需要记住你实际上进入了你走向成功的第二个过程：“责任积累”。换句话说，你现在要关注的是“责任”这两个字。你要面临的是这样的问题：我愿意承担

责任吗？我们都知道，自己进行科学研究的每一天，实际上也是与别人一样的每一天，很多时候，看起来大家的每一天都是差不多的。“研究的课题不一样”，你会说。对，成功的科研人员总是从事着重大的、前沿的研究。稍有不一样的是，从事研究的人们实际上承担着不同的科学技术“责任”。这样的“责任”并不是用眼睛能看见的实物，但是十分容易被所有人认识到：有一个东西叫作“责任”。我当然相信，你是不怕承担这种责任的，你从小就被锻炼着成为现在在科学技术研究上负责任的人，你因此而得到的成果已经写在了学位论文中。

你希望在有影响力的期刊上多发表一些前沿学术论文，你借此还希望承担或参与重大的前沿的课题研究。你很负责任地投入你的每一天中。但要注意，此时容易疏忽的是悄悄而来的其他“责任”。比如说，你是否热心于为硕士生、博士生做一次学术报告？你是否愿意为了追求科学真理而提高论文写作的质量？你对编辑部要求苛刻的修改意见是否心甘情愿地认真修改了？在学校，你是否十分愿意把自己讲授的课程做成全系授课质量最高的课程？更重要的是，你在科研活动中负责地遵守了科学伦理和科学道德。这只是你最初会碰到的需要具备“责任”两字的少量工作。我看到的情况是，有些人在日常生活中奏响了以“责任”为主题的乐曲，有一些人认为要做这些事，就会影响自己做科研。“不值得”，他会说。我想说的是，重视“责任”这样的问题是值得的，前者在走向成功，后者只会与成功擦肩而过。

（原文发表于《科技导报》，略有修改）

讲座27

只要你在实验室，就要做实验

在我们身边有一些词汇是严肃的字眼。也许你就不太愿意听“责任”这样的词汇，因为你看到正在承担“责任”的人们，例如系主任，他们太“忙”了，“哪有时间搞科研”，你会下意识地出现这样的联想。他们的的确确是实实在在的忙，而且你总是想“自由”地搞研究。你内心不想因为“责任”而被束缚住，搭上许多时间。你感到困惑的是，人们时不时地得到他们发表了论文、完成了科研、成果得以鉴定的消息，这后面有什么呢?

在不同的机构，科研是如此的不一样。有的博士、博士后到一个实验室后，被安排先熟悉环境，然后作为别人的助手加入了日常工作，你似乎注定要在一天一天的实验室“活儿”中了解研究课题的全貌。注

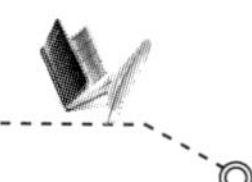

意，你一定承担了科研的某个部分的工作，虽然你眼下的这部分研究，是那么“容易”和“没劲”，却是你必须迈过去的门槛，同时，还是你走向成功的“资源”。你是否愿意在这样的研究中表现出热情和倾心呢？我祝愿你一定不会轻易地让这一类成功擦肩而过。

有的机构完全不一样。你出现的第一天，学科组就会让你进入研究，而且在第三天就要得到实验的结果（当然是阶段性的）。这些不一样的情况，多少反映出走向成功会有不同的路径。这些不同之路，都是合理的。对于任何一个新的科研课题，可以想见，总会有许多方面的事要马上处理：新的合作者，新的技术，许许多多的学术论文需要读，而且这些论文中的极大部分是那么的不明确、低水平，至多说来也是不太相关的。你还要参加各种该课题的讨论会，你能不去听吗？主讲人中有的是课题权威，有的是来介绍新技术的。最重要的是，你需要抓紧得到成果。看起来有许多事要做要学，首要的是，只要你在实验室，就要做实验。

你怎么认识实验室中如此这般的每一天？你万不可以为实验室只是一座物理意义上的建筑物。实验室其实意味着分别以不同方式承担着各种工作又互相交叉的一群人，他们又是构成这个课题的科学共同体的全部成功人士中重要的组成部分。很少有两个实验室完全相同，因为实验室内涵取决于实验室职员的个性和活动、实验室的大小（人数、课题经费和空间）、研究和实验的类型，以及实验室负责人的风格。你不妨多留心不同实验室的相关情况，它的物理结构、实验室中人们的不同角色，他们做着什么，总之，问一问：实验室是如何运转的？有朝一日，你有足够能力时，就能探究出能够保证年轻人走向成功的实验室模式，不仅使自己走向成功，而且使你周围的人连同那个“科学共同体”走向

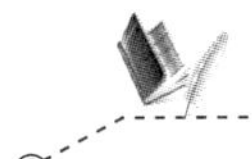

更高的层次。

在多数情况下，一个活跃的实验室总会包括几位有资历的研究人员，他们或者在高校有一个教授的职位，或者在研究机构或企业中是高级科学家。其中的一位是负责人，然后可能会有几个是高级职员，各负责一个研究领域、一批研究人员以及学生。博士后是拿薪水的职员，他们必具备博士学位，且逐渐地在研究上具备更多的独立性，其中的一些甚至已经有自己的课题和经费。大的实验室会有技术主管（有时也称实验室主任），多数实验室会有技术员辅助物理类型（实物类型）的实验研究，也有的还会配有行政助理或秘书。不要小看技术员、行政助理或秘书，有与没有这些角色，大不一样。博士生、硕士生来了又走了，有经验的支撑性的职员（如技术员）看起来会在实验室待更长的时间，他们聪明又有经验，常常是实验室主任信得过的人。在实验室中确定每个人的角色分工是重要的，为此，你在实验室要多看多听，充分融入这种无形的学术"建筑"之中。

在实验室中，会有一些明显的规定，其他一些就只能称为"无形的"规定或"潜规则"。一些法定的实验室规则，例如职业和健康、安全方面的规定绝不允许打折扣或打擦边球，这些必须严格执行。"习惯性规矩"或"生活程序"可能并没有这么明显。工作时间和假日有些说不清，对学校和研究机构的雇员"工作时间"须用"灵活"来形容，前提是你工作勤奋且工作总是按时完成。有些实验室在按时上班下班时间上期望是高的，期望高的还有午餐的时间以及（在有的机构特别是国外的机构）半上午半下午茶休的时间，他们也会在周末你是否在工作上"口舌"挺多。你工作的时间越多，这些实验室主管当然越满意。目前较为现实和共同的认识是，你要走向成功，应该在乎的不是你用多长时间在搞研究，而是你究竟做了什么（完成了什么），换句话说，你有了

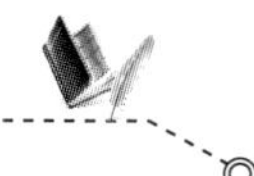

什么基础？什么积累？记住，你肯定要有时间在搞研究。成功的科学家绝不是“九三”风格的（上午九点开始，下午三点开始），而且也不会停留在“八小时工作制”。

在实验室每一个人无例外地会考虑自己的工作或任务。如果说得简单一些，科学只做两件事：思考与动手。“思考”说的是阅读文献，评估同行圈子内流行的信息、知识以及那些疑难和问题，提出假设，设计实验，评估经科研产生的数据以及数据的含义，把结果写出来，再关注下一个实验。“动手”则涉及为了研究而建立实验装置，仪器设备与实验研究技术的校正与完善，实施实验，收集与分析数据，准备做口头报告或参与研讨性讲习活动，等等。值得说一说的是，科学研究中最大的错误，莫过于试图把“思考”和“动手”截然分开。假如你回忆一下在博士生导师指导下的科研经历，就不难觉察到一种经常碰到的情况，即你拓展思考甚至获得灵感的努力，常常不是在动手实验之前，就是在实验之后。事实上，当实验正在实施的时候，需要你真切地思考。科研通常就是一个做实验的项目，无论是一个大实验还是几个不同的实验，都不仅仅依赖于你对实验的设计或者你对结果的解释有多么完善，重要的是你如何实施这个实验。

实施实验是从实验设计开始的。有关科学实践与思考的哲学方面的和史学起源方面的文献，特别是有关科学是或应该如何实践，怎样的方法才是科学的研究方法的书籍和文献已经有很多很多。如果把 5 000 多年来中国文化中相关的部分一起加以考虑，那么这种文献的数量将更加巨大。对于任何一个年轻的科研人员来说，这类中西文献都提供了十分重要的迎接挑战的基础。但是，21 世纪许多科学家采取一种注重实效的姿态，即聚精会神于研究中那些人们最为关切的方面，即观察、实验设计、推导和解释（结果的意义）。

我们天天做实验，但是作为研究的实验并不能证明实验前的假设是对的，实验结果仅仅能够支持你的假设。现代科学的基础是“零假设”——我们试图揭示某些东西并不是假的。这听起来像是语义游戏，但这在我们进行科学思考、解释、分析和阐述时是重要的。零假设是统计分析的基础，只是我们常常忘记这一点。日常之中，常常看到的情况是，我们倾向于把实验的揭示仅仅看成是对我们的预测或者我们的盼望的统计，但在实际之中，实验及其结果仅简单地给出我们错了的概率。无论你心里是多么希望你的主意或假设是对的，别忘了，证明自己的主意或假设是错的，永远是值得做的一件事。信不信由你，如果你自己不做这件事，那么你的批评者，也就是你的学术论文的审稿人和科研资助申请书的评审专家，就肯定会尽他们最大的努力去证明你是错的。与其让科学共同体中别的专家先到那里，不如你自己先做第一人。

多数科学以假设为基础。我们考虑现时的知识和观察结果，提出假设用于解释它们，然后确定进一步的观察结果是否与假设相符合。但是科学也并不总是这样的，科学也依赖于简单的观察和描述，此时并不需要假设。对于这些观察的思考基于某些逻辑和思想原则，比如说，考古学家知道在什么地方发掘，大致地知道他们希望寻找的东西，但却不能预测出他们能够挖掘出什么来。类似地，传染病学调查和多基因表达分析不是基于假设的，且经常会有惊人的发现。观察和分析是重要的第一步。同时，解释“如何”和“为何”（即告诉科学家们机理的）研究，比起只解释“怎样”的定性研究，更受到人们高度的关注。

（原文发表于《科技导报》，略有修改）

讲座28

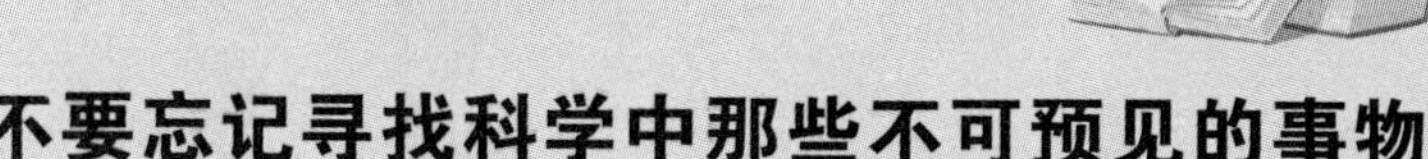

不要忘记寻找科学中那些不可预见的事物

大学教育给许多人的烙印是，科学是逻辑性极强的，谁先谁后是计划好的且有条不紊的。然而，不少成功人士会告诉你，许多科学发现其实是意外的，是不可预见的。“眼下的实验结果也许正是我们要的结局”，这种想法是值得赞许的，且也有利于成功。这种不可预测的特点正是科学研究为什么总是令人兴奋的原因。想象力和多维思考不仅在艺术中而且在科学中也是重要的。这当然不是低估科学的严格性、观察性和仔细分析的重要意义，值得你关注的是永远不要忘记寻找和思考科学中那些不可预见的事物。

研究之初别忘了决定你试图解决或回答的课题或问题是什么。这看起来是那么显而易见，让人感到用不着特意一提。但是，经常发生的事是，在许许多多的实验细节之中，你可能已把最初的目的忘得一干二净。所以，记住，只要可能的话，做最简单的实验，它常常会给出最能说明问题的结果。许多科学家在为了得到科研经费而开始填写正式的项目申请书时，就已经开始设计最关键的实验。在项目建议书中，必须清楚地描述（因此也须思考清楚）课题的假说、研究目的和问题，然后以十分有逻辑的顺序讨论清楚如何用实验来检验或得到研究结果。当然，对于每一个实验，都应该用这种方式进行构想。

许多研究项目涉及“大问题”和“小问题”，这就是说总的、长期的目标往往被分为一系列的实验。这些实验既可能是对假说某个方面的检验，也可能是项目必要的背景性工作。在列出这些问题后，弄清楚这些问题可否从实验上检验，是十分必要的。有些问题太大了，以至于在一个研究项目中你根本不可能给出答案，比如说，“大脑是怎么工作的”，这样的题目需要你终身研究。可是这样的题目又可以用一小步一小步的成功，来接近最终答案。另一方面，即使最简单的科学问题，用特定的系列实验也可能得不到答案。导致这个结果的原因可能很多，如不合适的实验设计、过多的约束变量以及缺乏必要的工具。这种问题最容易出现于复杂系统中，例如生物体、生态系统和大范围地理问题，在这种系统中，通常必须给出一些必要的假定，以便设计实验。这些假设也不会总是对的。在为了检验一个特定的假设而设计“清晰”实验时，所遇到的最大挑战是不可控的变量或潜在的约束变量。为了面对复杂系统，常常必须做一系列的实验。在决定“这个实验不可能回答你的问题”“这个问题是处理不了的”以及“这个系统太复杂了”之间，经常会有一个很好的平衡。在实际操作时必须找到这个平衡。有时你的实验虽然不能给出完整的答案，但对此却提供了潜在的有价值的贡献，对局

限性的认识（以及在从数据中得到结论时考虑这些局限）肯定要比你简单地决定不做实验更为合适。实验总是要做的。一个通常的例子是利用基因修饰的实验动物，在动物中取掉某个基因，为分辨其功能及基因产物的重要性提供了有价值的方法，但基因法会因被污染而提供虚假的结果。尽管所有的影响因素都必须被排除，工作量和复杂性会大大增加，最终，这类实验被证明是非常有价值的。

（原文发表于《科技导报》，略有修改）

讲座29

不妨从提出一种新的技术开始从事研究

每个实验的设计当然不会是一样的，但某些原则是相似的。例如，实验设计时是否考虑到了相关物控制、参照系，以及在临床研究的情况下是否考虑到了服用安慰剂的对比组（有时甚至需要几组这种安排）。再有，独立观察（或叫样品个数）的数量是否充分，以便进行有效的统计分析？实验条件是最优的吗？你对用于实验的试剂、设备和方法有信心吗？最简单的实验涉及相关物控制和单一的试验组。为了保证诸如实验浓度、过程时间、所用工具等是合适的，你通常需要做做摸底实验。关于一个工具、技术或一件设备的可靠性或耐久性，不能仅仅相信由制造商提供的信息——他们总是过分乐观的人群。

为了得到实验的优化，如果不注意在实验过程每个步骤中进行精确

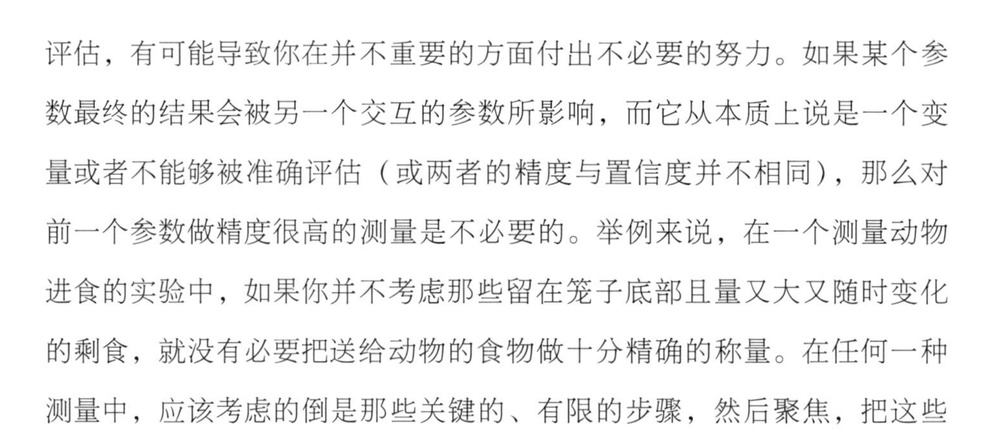

评估，有可能导致你在并不重要的方面付出不必要的努力。如果某个参数最终的结果会被另一个交互的参数所影响，而它从本质上说是一个变量或者不能够被准确评估（或两者的精度与置信度并不相同），那么对前一个参数做精度很高的测量是不必要的。举例来说，在一个测量动物进食的实验中，如果你并不考虑那些留在笼子底部且量又大又随时变化的剩食，就没有必要把送给动物的食物做十分精确的称量。在任何一种测量中，应该考虑的倒是那些关键的、有限的步骤，然后聚焦，把这些步骤优化。

现在谈谈另一件事。即使是最有经验的研究人员也会持续地考虑新的技术、设备以及他们日思夜想的科学问题的解决方法。今天，技术进步的速度快得令人震惊，往往是刚刚开始科学研究生涯的人，比起久在科研领域的人更容易接受新的技术，也更倾向于创新。最初，新的技术往往是从其他人（通常在同一个实验室）那里学来的，但我们也时不时地看到，一位新的博士生会从提出一种新的技术开始从事研究，而这个新技术此前在他的实验室并没有试验过。

学习一种新方法意味着准确遵循一些规定好的步骤或公开发表了的方法，一步一步地检查，小心注意实验过程的每一个方面，总是警惕着实验会不会在某个地方出差错。但是，技巧的掌握和熟悉遵循一些规定好的步骤是不够的。你应该透过技术看到更多——在测量之中体现着的原理，这个技术能做什么，能揭示什么——更重要的是，这个技术的局限（缺点）是什么？倒是了解设备中每一个部分是如何工作的种种精准细节，或者实验进程中的每一个方面，并不总是基本的。当一台复杂且昂贵的设备坏了时，人们不会要求（甚至不会允许）年轻的研究人员用手加一把螺丝刀去整修，这通常是专业修理工（可能的话来自制造该设备的厂家）的活。这样做，仪器保修的责任也得到了落实。但是，在口头学术报告后，甚至在一些一般讨论之中，当问报告人，或问口试者，为什么要选择这个特定的技术，或者对技术的某种改进的原因，或者藏于分析之后的思考，如果仅仅回答“这是我被要求做的”，或者“别人发表的文章上是这么说的”，那么你应该明白这样的回答是不能被别人接受的。你必须知道为什么，你必须能够解释清楚你完成的实验。对于许多测量而言，总会有一系列的方法可以执行，每一种方法有优点和缺点，重要的是要了解这些究竟是什么，同时要清楚地意识到你所采用的任何一种实验解决方案的局限。

讲座30

“机遇”是什么

科技界中有一类科技人员可以称为“能工巧匠”。这些“能工巧匠”可能是一位技术员，一位博士生，或者一位经验丰富的研究员，他们总是将实验技术运用自如，在别人束手无策的情况下解决了难题，他们总是得到有用的数据。这种成功部分地取决于小心和专注、手巧、熟练以及经验十足。细节关系到成功，即使在很好的科研项目中，不能关注细节、粗枝大叶地实施技术，或者笨手笨脚的实验室行为肯定是成功的障碍。有一些实验技术需要你付出比另一些技术更多的小心，更不用说与燃、爆、毒、害有关的研究，要有许多额外的关注。当然，有一些研究你只需实践即可。但是，所有这些实验和研究，都需要思想。人们常常把第一批实验数据（不管它们看起来多么有用）丢弃，因为此时处于

“研究曲线”中的学习阶段。许多人会遇到或与这样一些人共事：他们不仅仅对研究工作小心和精确，而且看起来十分“幸运”，你失败了的实验他们做了，其结果总是令人兴奋，经常会得到意外的结果。他们常常是许多人相当羡慕的对象。我们当然不能不承认在科学研究中存在着被称为“幸运”的东西，这其实是一种机会，一种处于正确的时间正确的地方做了正确的实验的机会，而且多数科学技术的重大突破都不是意料之中的。事实上，幸运的事件只是所有科学技术研究成功中的一小部分，真正的关键在于你要关注你原先并不注意的现象，在于你能否认识到这个意外的现象究竟意味着什么。我们在各种场合经常引用的科学家 Alexander Fleming 发现青霉素的例子，即有一种孢子从实验室打开的窗子中飘落到他的盘子上，并且杀死了他培养中的细菌，其实是被人们大大地夸张和润色了。关键的事实是，他注意到了不正常的现象，而别人对此可能只会忽略或错过。有一句话——“机会只给予有准备的人”，用于研究之中是非常恰当的。

“能工巧匠”研究做得好，原因在于他们从未停止对于他们正在做的科研的思考，他们总是很快地看到问题的存在。如果可能，他们总是在问题出现前发现了问题。要做到这一点是难的，特别是在进行日常的或者常规的测量时。他们在找出看起来不太对劲的东西时，在发现不正常的现象时，在把每一个实验与较早完成的实验进行比较以确定一致性时，以及如有疑问就停下实验并且重新评价时，都是快速的。这恰恰也是你需要做的。要使自己永远处于寻找和关注那些不正常的和意外的现象的状态。能够带给你重大突破的，不是那些期待中的和正常的结果，恰恰是这些不正常的和意外的结果。这时候当然不能仅仅是照看和检查——你需要评判能力。你得找出一个典型实验中的决定性步骤（也就

是需要特别关注和精度的步骤），而不是在那些精度并不重要的实验过程中花费好几个小时。有时候，正是意外的因素造成了成功和失败之间的巨大差别。几个实验步骤的先后顺序，在哪个房间里对样品做了测量，有时甚至一年之中的不同时间，都可能成为意外的影响因素。要关注一个典型实验中每一阶段的本质性误差。当一个不可避免的变量只能准确到1%时，就没有必要在另一个步骤中追求0.001%的精度。要区别哪些是预料之中的结果，哪些不是，常常是困难的，对于没有经验的研究人员更是如此。前者给出的结果只受误差和正常变量的影响，后者常揭示出令人兴奋的新的信息。在后一种情况下，你至少要了解，把每一件事都记录下来以及与更多的有经验的人讨论是十分重要的。你做了记录，通常的结果也就是丢弃了或不公开了，但有时候，即使已经过了几个月甚至几年，这都可能是非常有价值的记录。说到底，请你记住一点，在研究和实验中，要多多留心，特别是意外的结果。

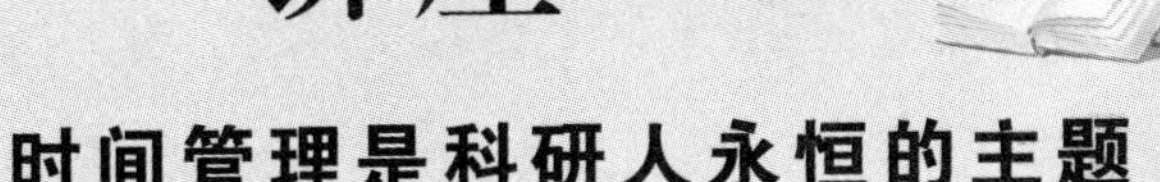

讲座31

时间管理是科研人永恒的主题

如何管理时间在你攻读博士学位期间当然十分重要，因为你那时是科研新手。你在博士毕业后，找到了一份从事科研的工作，仍然绕不开时间问题。时间管理是科研人永恒的主题。让你着急的也许是最初的一个阶段：实验做起来总是那么慢。但这种情况不会持续多久，你就需要小心翼翼地计算用于实验的时间，因为你同时要干的事太多了，诸如学习新的方法、分析数据、撰写论文、准备学术报告、参加会议和研讨会、争取课题立项、指导其他人的实验等，都是必须的。在那些确切的（如申报自然科学基金）、特别是突如其来的机会面前（如三聚氰胺事件后社会急需一种快速检测牛奶中三聚氰胺含量的技术），你会明白，还是要做重要的研究——也就是得想一想自己正在做什么？自己的方向是

什么？得到了什么？

面对越来越多的工作压力，有些人采取延长工作时间、工间不休息（甚至中午也懒得花时间用餐）、放弃周末休息到实验室工作的办法。这种精神于科学研究而言，毫无疑问是值得赞扬的，有些时候是重要的；但就时间管理而言，首要的则是计划和条理。为自己搞个记事本是合适的，我就是这么做的。纸质的或电子的都行，这其实并不重要，重要的是记下那些你必须做、必须参加的每一件事。这个本子要经常翻看，不只是当天看，正确的做法是看一周的（甚至更长时间），这样你就会记住某个学术会议的摘要投稿截止期快到了，或者你全文必须写完的日期快到了。这个记事本也可以用于随时记下一些附注、说明、姓名、手机号、电话号、地址和邮政编码等，当然与实验有关的信息应该记在实验室记事本上。许多人有一个体会，会议记事本很有用，它可用于记录那些讨论会的信息、与指导教师的谈话，等等，也可用于记录你突然冒出来的想法和计划。请经常地、有规律地翻看自己的记事本：对于讨论会上记下的信息、突然想到的体会或者对实验的观察，你需要较长的时间才会有深刻认识。为此，你记录这些稍纵即逝的“火花”时，要使用完整的句子，只记一两个单词会在日后让你记不起来最初的好想法是什么。写到这里，请允许我高兴地告诉你，这样的记事本我已经有五六十本，它们曾经帮过我许多许多忙。

讲座32

成功并不总是只与个人相联系

从我们开始学习数学、物理、化学、机械、电子……，学科和专业的事务给人的烙印仿佛它们是个人的独立工作，成功总是只与个人相联系，年复一年一场又一场的笔试、口试更加固了这种意识。现在，你走进了科学共同体的圈子并准备终身从事某种研究，你会发现上述情况与科学研究的日常相距较远。

科学研究肯定需要长时间的独立工作，独立工作优秀的研究者总是离成功不远。但科学研究在很大程度上又离不开与他人的共事。你最初的共事者其实就是传授数学、物理、化学、机械、电子……的老师们，后来你有了博士期间的指导教师。你有过和他们共事的愉快的日子，其乐融融。与人共事，这可能是科学研究真正的乐趣之一吧。实验室、学

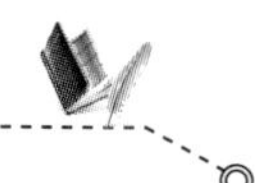

校的院系以及各种类型的科研机构都需要成员之间的相互配合。你进了这个实验室，要尽早地知道实验室中哪些可以“动”，哪些不可以“动”，换一句话说，你的实验室问题哪些会得到“可以”的答复，哪些会得到“不可以”的答复。比如说，哪件设备没有特别的允许不能动，如何处理废弃物，谁负责安全，能不能把听音乐的声音放得很大（早些年这个问题只是简单的“能不能听收音机”），以及实验室生活中其他许多有关相互配合的方方面面。实验室里的设备和空间大都是共有的，尽管你也可能分配到属于自己的办公空间和一些设备。爱护所有器材和设备非常重要。当打印机卡住时，当蒸馏水溢出时，或是 pH 计出现故障时，一定不能若无其事地走开。红外谱仪不能运转了要及时报告，以便安排专人修理。实验室里每个人都要有一个称为“集体责任感”的意识，表明你对这个集体是负责的。千万不要认为整理实验室这样乏味的工作只是别人的事，与你无关。多参与一些甚至是最平常、最琐碎的事情，会让你得到更多的尊重。

在一个科学研究上得到成功的实验室里，人们总是乐于互相帮助。作为一名新来的成员，你或许更需要他人善意的帮助和支持。所以，你也一定要随时随地尽可能为别人提供同样的帮助，给予热情的支持。你可能会被指派去帮助指导某个资历更浅的人，比如大学生或短期访问者，记得一定要多花时间在这件事上。当然你会遇到你回答不了的问题，这时你要与实验室的负责人商量。

在由工作关系紧密的人所组成的团队中，常常存在着一些不属于科学研究的问题，你对此要有“不折腾”的心态。也许某个人显得特别难以相处，也许大家的性格相互冲突，你可能觉得你的领导（导师）对某人特别的偏爱，或者实验室主任对于那些造成负面影响的不合格行为不

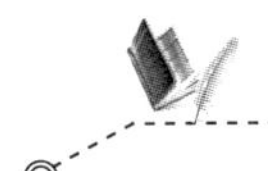

闻不问。要尽可能地回避这种个人恩怨的纠缠，避免散布闲言碎语或拉帮结派。有些成员会特别希望在遇到个人遭遇时找人倾诉，对这类人的同情要真实而有分寸，切不可火上浇油。但如果问题关系重大，也要尽量得体地与实验室的资深成员或实验室主任谈论。遇事不要养成抱怨的习惯，更不要有意无意地把当事人当“枪”使。

对于实验室中的留学生，要在实验室与别人和睦相处，具有更大的挑战性。来自落后地区或少数民族地区的成员也会有同样的情况。文化、经历、社会、贫富等差异会影响到人与人之间相处的方式，语言的不同（有时甚至是方言或地方口音）也会成为一种障碍。耐心地对待与自己不同背景的人并给予理解和尊重，会对你产生很大的帮助。对任何新来乍到者，都能予以热情的欢迎，将来也肯定会使你获得相应的回报。

开展社交活动是团队成员间相处的一个重要方面，这并不意味着你必须用掉所有的时间与实验室其他成员待在一起，但参与一些集体活动是有好处的。当你有了一定的经验后，要多为实验室的新来者考虑，可以请他们吃顿饭，喝杯茶，或者只是聊聊天。有的实验室在上午、下午之中会有10分钟或20分钟茶休，就像英美大学中上、下午的“咖啡时间”一样，这是一个产生集体交往的好场合。还有一点你要记住，实验室成员总是要一起开会，开会之前和散会之后的五六分钟闲谈，其实不仅仅是聊天，而是一次社交活动，值得你重视。

（原文发表于《科技导报》，略有修改）

讲座33

与学术领导人相处要合情合理

在实验室中如何与学术领导人相处，和你当博士生时如何与博士生导师相处是一样的。如果选择了合适的实验室，那么你将从学术领导人那里得到支持和帮助。但要记住，他们是成功者，他们一定非常繁忙，他们越是成功，越有名气，也就越忙碌。有关监管科研项目、教工和学生的重担总是落在学术领导人或实验室主任、教研室主任的肩上，你若伸出手帮助他们，他们也一定会帮助你。这也许不难，重要的是要让你与他们的相互配合达到最优，要了解他们工作中最需要帮助的地方，以及如何与他们配合以便使双方获益。

多看看，多学学。比如，学术领导人是愿意你突然造访并向他提供有关实验结果和所关心话题的最新消息，还是更喜欢有预约的会面和书面报告？他们是否利用电子邮件工作？什么时候找他们最好？你有可能不太清楚实验室中学术领导人的性格和处事风格，这可以从观察中和通过别人得以了解。有些信息你不妨直接询问他们，问一问他们是愿意看到你获得的每一个实验结果，还是在会面时只要一个概要？

忙忙碌碌的学术领导人，也许更喜欢看书面的汇报，比如你的实验计划、实验结果及实验结果的说明。实践中这也相当有效。如果你答应在某个时间写出一篇论文或提供数据，遵守这个约定是重要的。你遵守约定，他当然也会遵守约定。当你不遵守约定时，你很难从对方得到反馈。如果他们的确非常忙，你应尽量安排时间争取与他们进行讨论。当然，事先要确定好时间，也别忘了会面的时间和地方。当他在百忙中挤出时间和你会面而你却忘了时，你给他留下的是十分不好（甚至讨厌）的印象。会面时，除非有急事，否则不要打断谈话。

多数实验室（甚至一些资深科学家）会有类似秘书或助手的角色协助学术领导人或实验室主任，尊敬他们并和他们交朋友很重要，他们能为你提供大量的帮助。他们能帮你把你希望的会面安插进日程表里，或者告诉你什么时候来最好，或者透露学术领导人的一些脾气给你，帮助你赢得时间、得到关照。

如果你需要与学术领导人讨论实验结果、论文写作、会议组织以及口头报告，你需要努力让这种讨论的气氛变得轻松愉快，要事先做充分的准备。如果离最后的期限只有几个小时了，才让学术领导人看到你的一份书面材料，期望他那样的忙人会抽出时间来认真地给以考虑，显然不是合情合理的。让资深科学家为你修改语句、表述风格或行文格式，会使你显得过于草率、考虑不周和职业水平太低，这也表明你在工作和专业方面缺少自信心。

在实验室中，你和学术领导人的相处其实不止于科学研究，有时你会有另一些重要的事与学术领导人讨论，比如说你未来的事业，有时候你对工作感到沮丧和绝望，有严重的个人不满，或者你对研究工作有越来越重的担忧。要让他预先知道你有一些重要事情，并请求他给你一定的时间进行讨论。在见面时，重要的是你要说出解决问题的办法，而不仅仅是介绍存在的问题。只有这样才能表明你看到了困难，并正在想办法加以克服。人们通常会尽量回避只会抱怨的人，并把抱怨理解为制造麻烦，你最好不要有意无意充当这样的角色。即使他和你进行了讨论，你也可能会感觉到他对此没有兴趣、不公平或漠不关心，此时你合适的做法是，认真地想一想他的答复真的没有道理吗？果真如此，你可以私下去问问另一位值得信赖的资深人士，但切忌把这个人和你的学术领导人摆在不同的位置上。当你自己给出了十分周到的考虑后，在许多情况下，你会发现另一位给出的亦是类似的回答。

与学术领导人相处，其实和与博士生导师相处差不多，也许你的学术领导人十分平易近人，处处呵护你，这当然幸运，但你一定还要自己具备这种相处的经验。

讲座34

做好实验数据记录

今天，计算机技术的飞速发展，使相当一部分实验仪器和设备具备了完美的数据处理和存储功能。即使这样，许多科学研究和实验仍然需要你认真做好实验数据记录。如果你在指导到实验室来的本科生和硕士生，你应该指导他们养成认真做好原始数据记录的习惯。

常常会有这样的情况：在每天的工作中，有一条数据看起来无关紧要。这里的原则是，你对所做的每一件事以及你所获得的每一条数据，都必须做记录。如果会有人告诉你这是应该记录的信息，当然让人感到不费气力。重要的是在实验面前，你能否意识到那些容易被疏忽的有用信息。机遇可能就在那些大家都不关心的地方。

做实验是淡淡如水的，还常常会有这样的事情发生：短短几个月后，

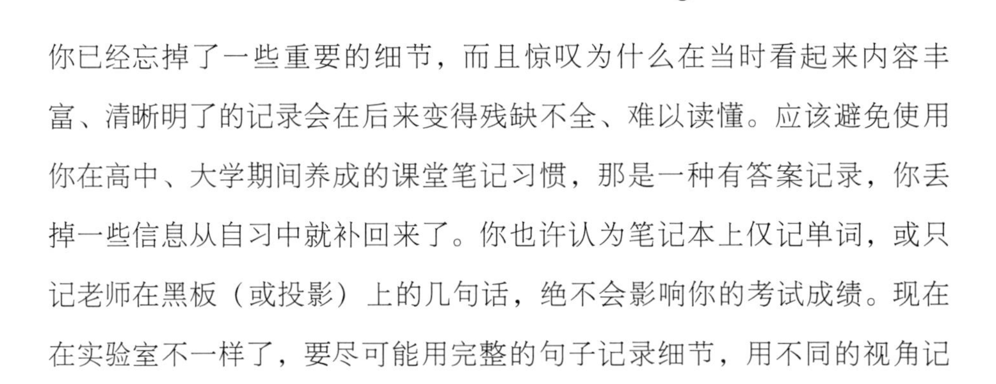

你已经忘掉了一些重要的细节，而且惊叹为什么在当时看起来内容丰富、清晰明了的记录会在后来变得残缺不全、难以读懂。应该避免使用你在高中、大学期间养成的课堂笔记习惯，那是一种有答案记录，你丢掉一些信息从自习中就补回来了。你也许认为笔记本上仅记单词，或只记老师在黑板（或投影）上的几句话，绝不会影响你的考试成绩。现在在实验室不一样了，要尽可能用完整的句子记录细节，用不同的视角记下同一件事的各个方面。

要重视记录数据的方式，应该让其他人可以在不向你询问的情况下，也能按照该记录重复你所做的事情。你的记录会有人在以后的学习中研读，这些记录就是实验室公共财产。在多数情况下，使用这些记录最多的是后续的博士生，他们在你的实验的基础上，为课题的推进而寻找各种研究依据。记住这一点就能帮助你重视记录工作。

在实验室中看到计算机已经是很普遍的事了，多数实验室配有计算机辅助实验，但实验室记录本仍然是最常见的书面记录形式。你的计划和方案，每一条数据，材料参数和仪器设备运行参数，你观察到的细节，甚至是你对实验或数据的想法，都应记录在这个记录本里。如果实验方案或实验结果有哪怕一点点异常，还应加上标注。原始记录或打印件都应该保存下来并贴在实验室记录本里。对于某些领域的研究和开发，例如在企业中研究潜在的新药，所有信息都必须绝对保留下来，即使是潦草地记录着机器配置或化合物重量的纸片。实验室里每一件材料的制造商、目录编号以及它们进入实验室的日期也是记录对象。无论使用过任何略有不同的设备，还是有其他人参与过部分实验，都要留下痕迹。有时，你会有一些临时的小计算，也要记在记录本上，比如样品重量的转化。这些信息看起来很琐碎，但如果你要解释一个意想不到的结

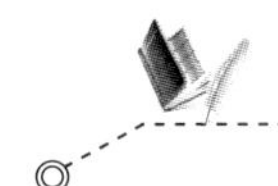

果，许多你平时认为琐碎的具体细节却能够帮上很大的忙。有时候，如果原材料的批次或来源发生了改变，它们对实验结果也许就会显得非常重要。

今天，数据技术已经非常先进，实验室中大量的数据是以电子数字的形式存储起来的，它们或者是表格和图形，或者是摄影图像。为此，应该在你的实验室记录本里做一个完整的索引，按照逻辑顺序标记每一个文件，用脚注说明其位置、实验编号和信息种类。不妨多思考用什么逻辑顺序标记更好，这种思考让你越来越适应与日俱增的科学研究任务或事务，并大大提高研究效率。另外，要经常做备份。许多人有这样的经验：自己常用的信息（或东西）反而经常找不到。另一条规律是：越重要的资料，其存储磁盘（U盘）越容易丢失，所在的硬盘驱动器越有可能被损坏。在我看到的博士生中，不止一人由于计算机病毒、磁盘（U盘）损坏或无意的删除命令而丢失了论文的主要部分或自编程序的最后一个版本。

（原文发表于《科技导报》，略有修改）

讲座35

数据的表述与分析更富挑战

你通过研究和实验可以得到值得你高兴的一系列数据和有关结果，但你还不能过于陶醉。对科研人员来说，更富有挑战意义的工作是你如何表述和分析这些实验结果。多数实验结果都会以某种总结式的形式得到呈现，分析也会是客观的。这样的例子有平均数、中位数。跟着这些分析来的还有该组实验的观察次数和变化情况，比如范围、标准误差或标准偏差。但要记住，简单的算术平均值，即使给出偏差，也可能并不反映数据的真实性质。平均值无法告诉你两组数据的分布是不是相似的，更不用说如果数据中有特别不一致的数值时，平均值肯定会掩盖数据的真实性质。在你没有成为处理这些数据的专家以前，向统计分析专家请教是值得的。通常的做法是在实验开始之前的设计阶段就去请教他

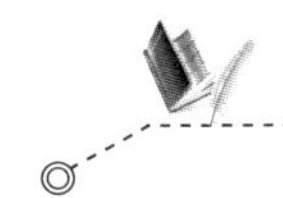

们，你一定会不虚此行，他们会帮助你确定每一组实验的样本大小，也就是观察的次数，以便根据假定的量值发现统计的显著差异。无论是为了工程的需要、药效的分析、发表论文，还是基金资助机构、团体和企业，都会提出这样的“有效分析”要求。有些学科或专业的课题研究中，一半以上的研究任务是为了确定一个科学的“有效分析”程序。我们总不能在新型飞机的研制中让飞行员不间断地开上几十年，然后来告诉飞机运营商，这架飞机的寿命是多少年。发现统计的显著差异在需要用动物进行实验时也相当重要，因为它可以为建立确定量值的显著差异提供必需的最小观测值。我们可以拿几百只灯泡测试其寿命，但对于飞机和卫星这样昂贵的“样品”，一件样品也令人不可接受。记住，进行“有效分析”需要有某些被预测数据的信息，比如两个数据组之间的分布与变化以及预期的差异，而这些数据往往只有到实验进行之后，至少是最初的实验开始后，才能够得到。

统计分析不当是导致相当一部分科学研究失败的“祸根”。尤其是在生物学和生物医学的研究领域中，这样的例子不少。多数人在相关性不明显时就使用统计分析，但往往在实施中用错。专家们在统计方面对你的建议，不仅会让你避开错误的结果，使得研究走上正轨，而且能够很好地帮助你回答科研项目中期、后期审查中的提问，编辑和评审者的批评。一般来说，你没有必要对复杂精准的统计分析具备很深的造诣，也不必记住每一次测试所要用的公式，但是，必须知道每一次统计测试能够做什么，不能做什么，什么时候应该用，什么时候不适合用，这是最基本的。有的实验室配备了适用于本实验室的统计分析手册，往往包含着实验时抽样的方式、分析的公式、数据的专用表格，你在实验前要充分了解这些工具书籍。根据是否为正态分布，各组数据的方差是否相

等，样本大小以及处理次数的不同，对各类数据采用不同的抽样方法和检验方法。如果拿不准，就要寻求帮助，一次不行再问第二次，这样做，下一组实验也许就会完全不同。你还可以参考一下有关著作，比如我与人合作的著作（冯长根，惠宁利，抽样检验，北京理工大学出版社，1992）。

我们在电视上都目睹过“去掉一个最高分、去掉一个最低分”那样的节目，这些做法看起来给人以“公正”的感受，但如果在三个实验中丢掉一个最高的、一个最低的，你剩下的那个数据真的那么合适吗？它可能远离了真实。在实验室中经常也要发生“不要数据”的情况。把那些看上去与其他测试组不协调的数据忽略掉，或者在第一次测试没有得到预期的或所希望的结果时尝试利用不同的统计方法，这些都是很有诱惑的。但是，在科技界，这种操纵数据的做法是不能被接受的，甚至可以说是一种近乎欺诈的行为。数据当然可以忽略，但必须是在获得结果之前就先制定出忽略的标准，比如规定当数值超出一定范围时予以忽略，并且每一组数据都必须严格进行相同标准下的忽略。

今天，多数研究者都会看到，用不着学习统计分析这类课程的专业不多。实际上，多数实验研究得到的数据要经过统计分析才是有意义的，但这个分析过程却也可能使你失去研究结果原本所具有的意义。我们常常可以看到，统计上的显著差异看起来很小，以至于不具有科学上的重要性。在有些情况下，比如在一次临床医学的大实验中，各组数据之间即使有微小的差异也很重要，但在许多实验系统中，它可能没有什么影响。统计学当然是重要的，但统计分析结果一模一样的数值，可能来自两个完全不同的实验母体，比如一个来自实验小鼠，一个来自实验

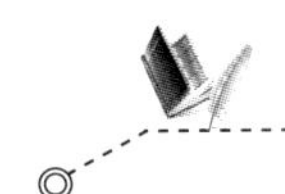

猴子，你经过实验知道，它们是不同的。在统计学上经常把5%作为事件发生的接受水平，即概率小于0.05被称为小概率事件，这个数字并不存在不可思议的地方，它当然表示在20个随机的测量中你总可能会看到某些差异。就算你掌握着最合适的统计分析，由于几率的存在和拙劣的实验设计，许多实验仍然会被导向错误的结论。

让我们总感到统计分析是多么复杂的一件事，就是如何展示原始的数据，这些数据或者是一个单独的点，或者是摄影图像。后者已经被广泛地用于显示电子显微图、免疫组织化学、原位杂交等。这里存在的问题是，这些摄影图像是否能被读者确信为的确真实反映了实验中获得的全部数据，当然，作者总是这样描述的。没有一位作者会把质量差的图片放进来，有限的空间和昂贵的价格也阻止了作者使用过多的摄影图像。但无论如何，为了应对数据受到责疑，或者为了在审查人员或审稿人在合理范围内提出的要求，除了已提供的图像，你保存其他在实验中得到的图像资料是重要的。对于数字扫描和图像增强程序，保存原始数据显得更为重要。

主观的东西也是极容易被掺杂进科学研究中的，必须努力把它们降到最小。只要可能，对数据的干预应尽可能是处于“盲”的状态，有点像对博士论文的“盲审”，这样，研究人员就可以在不知道实验分组的情况下进行实验。同时让那些不参与实验的人掌握所有实验步骤或实验操作的信息，直到所有实验数据都已获得才将它们对研究者公开。对于新药的临床试验、外科或内科干预的临床试验，这是一项基本要求，但也不能认为实验室的实验都必须如此。“盲”的要求在有一些场合是十分重要的，比如如果实验测试本来就带有主观性，信号的强弱以及等级的严格划分是根据观察者的判断，而不是靠客观分析确定的。除了“盲

法”，在对某些经过选择的实验观察进行判断时，还应该由不知道实验细节或预期结果的独立观察者来查验。

（原文发表于《科技导报》，略有修改）

讲座 36

善待科研成果和对此的科学批评

你在进行实验时，一定期待着能得到实验结果。当你最终得到你期待中的结果时，你会感到愉快，产生一种自豪感。与此同时，你也会看到，你的结果会在你与你的同事之间，尤其是与学术带头人之间，还有可能是在实验室会议上，受到关注。不仅是你，大家都一样，新的结果总会带来关注、思考和研讨，以及无可避免的批评。在你总是把自己的结果往好的方向说时，你应该明白，你的结果在关心它的同事或学术带头人眼中意味着什么，甚于你说的这些结果意味着什么。当这两者有差别时，学术争鸣就会登场。科学批评对于研究和实验来说是重要的组成部分，但对于年轻科研人员来说也许是一次沉重的打击。对于为了完成一个研究或一篇学术论文，究竟需要做到什么程度，虽然有些年轻科研

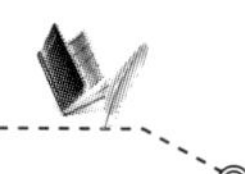

人员采取的是完完全全现实的（甚至是悲观的）观点，但仍然有许多年轻科研人员会认为他们的第一篇学术论文大概也就是几个月的时间就会完成。其实不然。“你面前的科学，以及任何一种科学，只能以类似‘婴儿’的步伐向前推进”，“有经验的研究者清楚，要到课题或项目的最后一年才会等到80%的好结果”。（注：作者在别处的话）尽管如此，年轻人的乐观和热情值得保护，年长者或学术带头人轻易不要给这种乐观和热情泼冷水。把他们看成一笔财富，一件令人振奋的事，是十分恰当的。我和年轻的科研人员在一起，感到了自己的“年轻”。有许多资深科学家认为，他们之所以一直待在科研机构，拿着并不高的工资，是因为他们能够与这些活跃而热情的年轻科研人员不断互动。毫无疑问，这些年轻人最终会明白，科学研究是一条艰苦的道路，很少有成果会来得那么容易，那么快。

还有另一方面的情况。有一些年轻科研人员采取了相反的姿态，他们总是对自己已经得到的研究结果不满足，他们总是在修改自己已经得到的结果。我说过，“这种情况的另一个表达是，你不能就任何一个已干的事做出结论”。尽善尽美是无可指责的，认真勤奋也是值得赞扬的，但如果走向极端（且不说时间上的浪费，以及可能使你丧失信心），也可能不切实际，甚至给科学研究带来负面影响。

你得到了实验结果，你甚至看到了实验所证明的，看到了数据所揭示的。但是，无论它们有多么重要的意义，有多么美好的前景，最重要的是，你对于实际得到的结果，都要作出审慎的评价。同时，要宽容地接受各种对于你的结果的科学批评。

解释自己得到的研究成果，是你的一个责任，因为在这项研究中，除了你，再没有人比你了解得更多了。但对实验结果进行过分的解释是很危险的，尽管人人都希望自己的结果是目前为止最优的。最好的做法是用进一步的实验来得到更优的结果，而不是在“解释”上花力气。什么才是“进一步”呢，这通常指更一流的仪器，更多的样品量，更严格的分析方法，更细心的实验设计等。只要有可能，就把自己摆在一个最严厉的批评者的位置，找一找存在的缺陷、误解或不完善的地方。这其实正是一位学者必然具有的性格，他们往往对查找有局限性及不完善的数据特别热心，而且总是希望越多越好。我的博士导师就是如此，1982 年在他的指导下我（以导师为主）发表了第一篇学术论文，就是因为导师从已发表的文献中看到了比我当时得到的成果更差的甚至有错的数据值。

（原文发表于《科技导报》，略有修改）

讲座37

讨论是为了说明自己的成果在科学上的意义

与研究小组的其他成员讨论你的研究成果或发现是十分有益的，他们与你一样在思考着相同的科学问题，但又能从另一个视野为你的结果增加内容。但是，对你的新发现的最终验证当然仍取决于更广泛的科学界（科学共同体），取决于他们对你公布的或即将发表的成果的看法。错误与疏忽应该首先由自己来发现，退一步讲，如果是被同事和朋友指出来，也要远好于被外界有时是批评性地，偶尔是敌意性地揭露出来。成果一旦发表，就好比泼出去的水，批评与攻击都会使你的成功之旅受到一次打击。

多数研究者热衷于搞研究甚于对自己的结果进行讨论。然而，对研究和实验结果所证明的观点，以及那些同样重要的被否定的观点进行讨

论，是科学研究中最关键的一个步骤，它需要经验、时间和努力。你是那么专注于科研和实验，作出了许多努力，你等待着研究结果，你或许没有想到，一次批评性的讨论，恰恰让你避免了长时间的实验和毫无结果的努力。有时候，讨论又是为了在被批评的情况下，对自己的成果进行重新审视和辩证，虽然在更多的场合下，讨论是为了说明或论述已经得到的成果在科学上所具有的意义。这样做，走近了成功。

完成实验以后，你需要决定下一步该干什么。这个思考可以叫推演。推演就是要看你已经获得了什么，它意味着什么，下一个实验将要做什么。这个思考是十分重要的，这个过程是科学以及科研训练的重要部分，需要在你的论文或报告中加以论证，它包括指明一个新的实验或者揭示出新的实验的可能情况。设计并完成一个实验就好比试验一个好的菜谱，在烹饪（和科学）上要获得真正的成功，关键在于及时查出问题，能够找到解决的办法或梳理出成功的要素，并且继续向前。

你所完成的第一个实验，往往成为一个推演器，给出决定下一个实验的有关信息，且不说第一个实验往往激励着你赶紧实施第二个实验。科学通常要比烹饪更为复杂（主观因素更少一些）。在科学研究中，你要不断尝试了解未知的事物。在很多时候，还要与那些有着相同目标的人竞争。比如说，当你在国际会议上刚刚讲完你的实验成果，会有人走上前来对你说，他也得到了同样的结果。这个情况，我在上世纪 80 年代参加国际会议时遇到过。当然，也会有相反的情况出现。

（原文发表于《科技导报》，略有修改）

讲座 38

科学研究包含着失望

我在科学研究中经历过失望，我相信你也一定经历过失望。记得我做博士研究不久，请系里购买的一台激光能量测量仪迟迟不能到位。后来虽然到货了，也已经不再有时间完成计划中的实验，我的博士论文就缺了一块很好的内容。在更多的情况下，科学研究中的失望比起上述经历要本质得多：你经历的是科学研究过程中的失败。也许是始终做不出所需样品的结晶体，也许是根本无法控制实验中的温度，更不用说由于失控引起仪器的受损，从而使得研究失败。设计实验时的疏忽导致的研究失败也是常见的，但这种失败还可以用重新设计新的实验予以挽回。

不管是由于个人失误，还是由于设备或材料不佳，凡是进行过一段时间科学研究的人，都体验过失败的滋味。值得指出的是，科学研究包

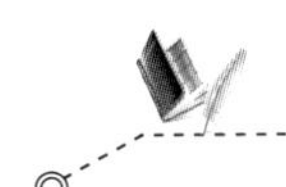

含着失望。你期望得到的实验结果并没有出来，你十分看中的一个假说被你自己（或别人）证明是错的。这当然带来失望，但这是科学研究中不可避免的。所以，也有人说，科学研究中应当包含失望。宽容失败是值得倡导的健康的科学心态之一。宽容当然不是鼓励。对自己的、别人的失败给以一种宽容的心态，实际上是支持自己（或别人）恢复信心，重新走向成功。对于一个机构（学校或研究所）或更权威的政府部门，这种政策也会产生一种生气勃勃的科研生态。

你可能因为如愿以偿地进入了科学研究机构，心情格外的好，充满乐观和热情，但这种状态也必须适时调节（尽管这是一位成功的研究者所必备的）。有时候，课题进展得很不顺利。如果一个课题中总是不断地出现否定性数据，或有各种各样的技术问题，那么维持下去就显得十分困难。记得多年前我所带团队的一项科学研究，是关于北方干旱地区水窖新技术的，虽然其意义十分明显，但在试验过程中遇到了新技术本身以外的各种各样的技术问题。虽然持之以恒值得高度赞扬，但事实上你必须作出什么时候中止该课题、到此结束的艰难决定。这通常是一种困难的、也许还会给你造成伤害的选择，那么，事先讨论讨论是合适的。有时还会碰到这种情况：你也许不愿意放弃你已经为之付出巨大努力并且已经成为你生活主要部分的东西，也许学术带头人要你继续采用一种你认为没有结果或是错误的做法。与实验室内外的其他人讨论一下可能会对你有所帮助，不过，你总要明白必须决定什么时候摆脱失败，继续前进。

谈科学中的失望问题，可能会使实验室听起来像一个令人恐惧的地方，每一个角落都充斥着各种问题，而你的负责人就像一个怪物（这在欧美的实验室中似乎更甚）。但事实完全不是这样。此刻回忆我在英国

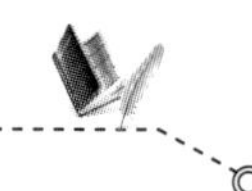

利兹大学的科研过程，我所见的绝大多数研究人员都非常友好，乐于合作，不管他们是不是我的导师，甚至不管他们是否与我同在一个学院。我在国内的研究稍有不同，这是因为整个国家处在科学研究不断发展的巨大变化之中。即使是这样，人们还是那样地充满信心，那样地热情，和我在科学研究上合作过的国内科学机构达到30多家。总而言之，实验室里的科学研究是一种最令人愉快的体验。在这中间，谁都不希望出现差错，但意识到有可能会出现差错，总是有益的。

（原文发表于《科技导报》，略有修改）

讲座39

最重要的原则是有贡献的人应该得到认可

这似乎是与生俱来的主题：就说在兄弟之间分苹果这样的事，总会有人盯着苹果看自己是否吃亏分了个小一点儿的。如果争议随之而来，总是哥哥会主动挑大一点儿的给弟弟。我们在科研中也会不时遇到同样性质的事。科研行为的一个重要方面是公平地对待与你共事的人。家庭日常生活中的争吵，尤其是夫妻之间的争吵，八九不离十在于对各自功劳的认可发生了分歧。现在，科学研究一般都需要许多人组成团队一起工作，每个人都要作出各自的贡献，同时也希望获得认可。比如在完成了实验要发表学术论文时，有贡献的人就可以署上名。我在攻读博士学位时，看到发表的学术论文上有我的名字真是高兴极了，署名是这样的：我的一位导师 Terry Boddington 姓氏的第一个字母是 B，放在第一位，

我（Changgen Feng）的是F，放在第二位，我的当系主任的导师 Peter Gray 第一个字母是G，放最后，有别的人时也按字母顺序决定署名顺序。岁月的流逝，这种做法眼下不大见了，谁署名第一，谁署名第几，产生了意义：这关系到公平。有些人为署名顺序耿耿于怀，难免影响科研上的合作。这里最重要的原则是有贡献的人应该得到认可，这不仅应该反映在所发表论文的署名（以及署名的顺序）上，而且在口头报告和非正式场合中也应该得到体现。一位走向成功的人士，总是不会忘记在任何场合（包括学术论文中、口头报告和非正式场合）指明，某个科学认识应该归功于某人的贡献，不能把这种公平仅仅给予那些大科学家和著名科学家。

署名是与荣誉画上等号的一件事。今天我们的社会给科研人员的荣誉不少，怎样合理区分各自应得的荣誉是一个复杂的问题，最好通过公开讨论加以公平地处理。科技社团作为有组织的科学共同体，总是根据自己共同体的科学本质制定相应的规则或制度，得到被同行们共同认可的权威的处理荣誉的方法。按字母顺序决定在论文上署名的顺序，就是当年导师与我在英国皇家学会会刊上发表论文时学术期刊的要求。有的人不顾他人同样作出重要贡献的事实，声称完全是由自己完成了工作，这样的事情是无法让人接受的。同样让人不可接受的是没有贡献的人却在论文上署了名，这样做带来的另外一个后果是大大降低了其他有贡献的人在科学共同体中的信誉。有的人经常很自然地就拔高自己或所属研究小组的工作，在发表学术论文时也主要引用自己发表的论文，而忽视他人同样工作的论文。这是常有的事，不过这样的做法往往会被其他人发现，并且极有可能让当事人为此付出惨痛的代价。如果你下决心要走上成功科研生涯之路，就不应有这种事，哪怕是一点点苗头。你也许忽视了科学共同体，这里的潜规则是：如果你不承认其他人的重要贡献，你也不可能得到别人的承认。

公平也意味着要尽可能地公开，让他人共享你所拥有的实验材料、数据，乃至研究思路。当然，这样的公开要有一定限度，因为其中可能涉及保密问题，或者说要提防被竞争对手打败。另一方面应该指出，过分保守而不公开是不公平的。在公开时，不管有多少不利因素，总起来说，有利因素总是占绝对优势的。

（原文发表于《科技导报》，略有修改）

讲座40

在利益冲突面前优先重要的是公正和公开

当你进入一个机构（高等学校、研究院所或者企业的研发部门）从事科学研究以后，你和周围同事之间就产生了利益关系，这是由个人的发展需求以及多数时候团队的发展需求所衍生的。在你参加一次科研资助项目评审会时，若在被资助人中看到了同事的名字，你显然希望你的同事进入被资助名单。随着地位的提升和资历的变深，你肯定会对那些你所了解的人甚至是好朋友的论著出版、资助申请、任职和提拔进行评审或产生一定的影响，这可能会导致在职业行为和利益方面的一些不良后果。在利益冲突面前，你该怎么办？我们都知道，作为追求真理的科学研究，这里不该有瞒瞒欺欺、遮遮盖盖的事。然而科学家和普通人也是一样的，他们少不了有缺点和弱点，有禁忌和顾虑。有些科研人员是

“无意识”地在利益冲突面前走偏的。忠诚固然重要，但在利益冲突面前，优先重要的却是公正和公开。

企业界在开发新产品和新成果时，往往会以物质利益雇佣科研人员为其工作，越是有名望的研究人员在这方面越受欢迎。但要注意，企业丰盛的物质利益回馈，会极大地影响你对企业新产品的客观评价能力，当新产品在日后面对市场上的广大消费者时，一旦出现纠纷，对你科研声望的负面影响，有很多事件已经证明是得不偿失的。在某些行为的潜规则中，只要有利可图，就可以简单地把某些东西忽略掉或不说出来，科研人员隐瞒被卷入利益冲突的事实就是其中之一。而这在科学研究中是绝对不允许的，实事求是才是科学的态度。

现在大多数科研人员会或多或少具有某种权力，至于对于你所指导的硕士生、博士生等，你实际上具有令人生“畏”的权力。你所担任的职务越是有权力，这种权力就越有可能因为你自己或与你接近的人的利益而被滥用，同时影响到你对事情的判断，有时甚至是下意识的。在这种情况下，你的选择不能有半点含糊：首先要明确各种利害关系，然后在行动过程中尽可能保持客观。

不能保持客观且最令人不可接受的，是科研项目评审机构让有能力参与项目的专家一方面提出项目申请，另一方面成为评审会议专家。有时这种关系显得更为隐蔽：项目申请书中并没有出现评审专家的名字，但人人都知道专家与项目申请人属于同一个团队。这样的情况应该由评审机构予以避免。科学共同体有责任就此不懈地努力，使科研资助不涉及利益冲突。

避开利益冲突的光明正大的（坚持公平、公开的）做法，会让你得到科学界的尊重。在说明你所受的牵连或关联时，其他人能够判断出你

的说明是否受主观因素的影响。当涉及你的亲戚、朋友、系里的同事和当下的合作者时，需要把利益冲突说清楚。在这种情况下，一旦讨论到敏感问题，你通常应该婉言拒绝对论文或申请报告发表意见，离开讨论现场。

在学术风气一流的机构，有关利益冲突的抱怨不会多，而这又带来和谐的人际关系。相反的情况在有些层面已经陷入了恶性的循环之中，这显然腐蚀了人们的心灵。重要的是要使日常运行中的机构避开利益冲突。还有一些情况似乎有必要说一说。有时，关联性也许并不那么明显，是否要说明可能存在的利益冲突或是否要退出决定过程，完全要靠你自己作出判断。想完全避免主观性，否认你会对个别人及其研究产生个人偏好，或者否认你会对竞争对手或厌恶的人另眼相看，这些都是不可能的。更不要以为你能够隐姓埋名——个人的偏好或权力地位的滥用，往往会反过来让你备受折磨。

面对科研中的利益冲突，科学界每个人的共同责任，是要维护科研中的公平、公开的秩序。

（原文发表于《科技导报》，略有修改）

讲座41

不但要告别有意的违规行为，更要告别无意的违规行为

对于年轻科研人员而言，有一个普遍的心理，即你肯定会盼望着自己正在做的实验会有最终的结果。不错，任何在科研方面有点经验的人，最终都会获得一个实验结果（或者研究结果）。这个结果也许不是你所希望得到的，此时你会寻找各种原因，让后续实验结果与预测相一致。问题出在另一种情况下，即这个结果也许正是你所希望得到的，但接下来无论你付出多大努力，可能仍然不能重复已做过的实验并得到相同的结果。更糟糕的是，其他人也不能重复你的结果。这种变化和偏差很常见，也许是由多种因素造成的。有一个众所周知的例子，无论原料、工艺甚至手艺是如何完全一致地出自同一个老练的工匠，绍兴酒的制作离开鉴湖的水，也就得不到绍兴酒特有的美味和醇香。现在已经清

楚，这是缘于鉴湖水系特有的地质环境带来的极为微量的矿物质（或者还有微量元素）的结果。在科研中，实验方案以及在执行中（做实验中）的微小差异、自然条件的变化等，都可能是原因。值得指出的是，有时也不幸是因为科学上的违规行为造成的。

违规行为可能涉及实践的许多方面，重要的是要区分哪些是有意的，哪些（更为常见的）是无意的。一位正在走向成功的科研人员，就不但要告别有意的违规行为，更要告别无意的违规行为。在一篇文章中（肖宏，实验和写作都要注意科学思维方法，科技导报，2009，27（14）：121），作者举了一个例子，某医学杂志一篇关于“超低剂量阿司匹林致栓”的论文，与多数文献把它报道为溶栓作用不同，该文的发现无疑是非常吸引眼球的。但该文报道的剂量 10^{-60} mg/kg 极低，查原文（法国的实验室工作）浓度无误，但从最早的文章中发现原作者在研究中未设空白溶剂对照组，即难以排除溶剂本身的致栓作用。这当然是不可接受的无意违规。无意违规包括真正的人为错误，也许是由于无知、缺乏经验或过度疲劳，也许是由于马虎，或者是由于无意的偏好。在同一篇文章中，作者举了另一个例子，有一位研究者认定某一民间治癌偏方中的某一成分具有抗癌作用，实验报告显示该药物成分较高浓度的一组确实能杀死癌细胞，而该成分的另外几组均未见有效。作者就此得出抗癌有效的结论过于匆忙，是一种无意的违规行为，因为“显效组”浓度其实已达中毒剂量（在这样的浓度下，非癌细胞也会被杀死），但文中并没有测试非癌细胞在此剂量下的数据。从结果看，与其说该成分抗癌有效，还不如反过来说无效证据更充分。此文后来撤稿了。

虽然在严谨的科学研究中实验违规都是不能接受的，不过人们通常也能予以理解，有时还认为这是不可避免的。在上述违规行为中，严重

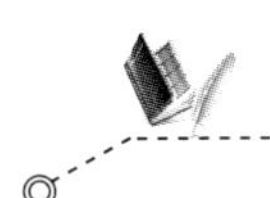

的是那种真正让人误入歧途的行为：一个科学家完全囿于个人的假设或想法，以致自己的判断也会带上主观色彩，也就是说，他非常希望实验能够有效，从而导致自身的行为（也许在不知不觉中）也受到了影响。有位研究者因为接受了化妆品厂家资助，精心设计了同位素检测试验，非要做出 SOD（超氧化物歧化酶）透皮吸收的结果。实际上，研究者所看到的皮下同位素反应，是脱落的同位素标记物，不是 SOD。否则就违背了一般的医学常识（SOD 这样的大蛋白分子若能透过皮肤吸收，那么人的皮肤还有什么屏蔽功能?）。

在实验违规中，最常见的事例就是忽略。把不符合期望或不希望得到的结果从学术论文中删除，这种做法在科技界往往被归入欺诈行为的行列。即使你声明没有意识到或不是有意而为之，这样的辩解也是于事无补的。

（原文发表于《科技导报》，略有修改）

讲座42

避免实验结果受到任何主观因素的影响

工程、技术类实验的设计应以发现影响设计品最终质量的主要因素并加以控制为目的，科学实验的设计应以证明假说是错误的为目的，各项实验的操作也应该完全客观，以避免实验结果受到任何主观因素的影响。遗憾的是，真正保持客观对科研人员来说也是很难的一件事。想想看，当人们急切希望科研“快”出成果时，你会看到他们往往早在实验开始之前就已经决定了他们希望得到怎样的结果。一种情况就像逛公园时从一个门进去就直奔另一个门（目的地），如同有的导游那样，结果是公园中的美景却被忽略了。另一种情况是个人的偏好往往会（无意地）进入实验、实验过程或对实验结果的解释中。偏好对实验的影响是最容易被证明的，不信你问问自己，为什么对于与期望不相符的实验就

不予理睬，为什么一个实验获得了自己所“希望的”结果就是正确的实验？有一种办法可以部分地消除“偏好”给实验的科学性和客观性带来的负影响，这就是做“盲的”实验，或者请他人核查你的数据或重复实验。

有一种叫作“操纵数据”的情况值得说一说。无论是有意的还是无意的，这也许是最有“偏好”色彩的、也是常见的违规行为。把那些使变幅增大或影响平均数的无关结果忽略掉，似乎对研究者们具有极大的诱惑力，这往往是因为研究者相信他自己完全有理由这样做。前文在讲到数据的表述与分析时曾说电视节目上有“去掉一个最高分、去掉一个最低分”那样的环节，但有一位研究科学教育的专家跟我谈到她在小学生的科学实验课中看到的一幕，令人大吃一惊：在总共 3 次实验中，老师让小学生“去掉一个最高的，去掉一个最低的”，剩下的就成了小学生们本次实验的结果。而剩下的那个数据其实远远偏离了真理。作为从事科研的年轻人，这样做可能会使你距离成功越来越远。把那些看上去与其他测试组不协调的数据忽略掉，或者在第一测试没有得到预期的或所希望的结果时尝试利用不同的统计方法，这些的确是很诱惑人的。

你也许会说：“不是这样吗？有时候是要忽略数据的呀！”不错，数据有时候应该被忽略，但必须有一个前提，即在研究进行之前就已经明确了忽略的标准，或忽略的理由显而易见并获得了相关人员的同意。值得指出的是，统计分析也是一个潜藏着滥用和违规行为的领域——如果严格按科学和客观而行，它本不该这样。有时，在某种诱惑力的驱使下，你会“挑出”最可能得到你期望的结果的统计测试（即使这样做并不很合适），甚至更为糟糕的是，你会“试着做”几次测试，看看哪一次最好。避免这种行为的方法之一（即使违规行为总体上并不是有意

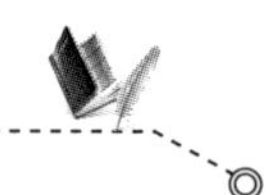

的），就是尽量保持客观性。坚持每一次操作都尽可能地保持“盲的”，让其他人（非直接参与者）注意观察并分析你的数据。在我从事的专业研究中，为了使一次性产品在实验中用到极尽可能的少量，统计方法也成为研究的重要组成部分，“文革”前北大数学系毕业的资深专家不仅成为课题组成员，也成为我在大学的最好的老师。严格执行统计分析的规律，实验结果才能被认可，即使只是为了得到一个平均值，更不要说像涉及人的生命的医用药量、卫星和航天领域的一系列产品（我们在专业上所用的上述新统计法就是用于这样一些领域）。记住，严格才会成功。

（原文发表于《科技导报》，略有修改）

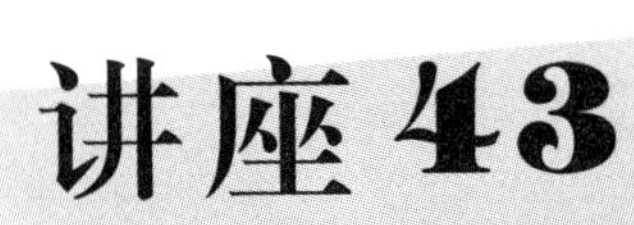

讲座43

决不要走从浮躁到剽窃的不义之路

自从1978年科技界迎来“科学的春天”，科学技术以及支撑这一发展的科学技术教育，特别是硕士生和博士生教育突飞猛进，我们几乎以不到40年时间走过了别国上百年才走完的路，雨后春笋般的科学技术成功个案遍布各行各业、各条战线。但这也催生了势不可挡的浮躁情绪，以及由此走向极端的剽窃行为。不到40年中，我们看到不少被媒体报道的抄袭行为，一批人身败名裂。

在我们还是小学生的时候就知道，抄袭别人的家庭作业或考试答案是欺骗行为，会受到严厉的斥责。自己的工作自己做，是我们的美德之一。十几年前，在国外，科学家会这样说：“在科学技术领域，很少出现不顾羞耻地公开剽窃的现象，关键是因为这种做法很容易被察觉，很

少有人会傻到对别人的学术论文和成果不加改变地完全照搬使用——尽管这也是时有发生的事。”但今天，情况很不一样，急风暴雨式的经济全球化发展趋势以及出乎世人意料之外的中国改革开放成就，使相当一批学者走上了从浮躁到剽窃的不义之路，国家和社会对他们的培养和寄望统统付诸东流。

抄袭别人的论文、成果，并当成自己的东西发表出来，这是一种严重的违规行为；此外，如果未经出版者以及作者的允许对已经发表的作品进行复制，那么还会触犯知识产权。记得我在英国利兹大学攻博时，每次我复印学术专著中的有关部分时，图书馆复印机管理人员总要告诉我“复印不能超过整书的百分之多少”，诸如此类。在自己出版的论著中当然可以用到一些别人的表格、曲线、照片等，但这必须得到作者的正式许可，并在作品中予以明确的承认（即标明这是谁的结果）。别人的结论、数据，在引用时肯定要有明确的承认。记住，因为这些不是你的，不标注就是不道德的。而且，即使在作品（比如一份综述）中要使用你先前发表过的文章、图像或其他资料，也必须得到原作品出版者的许可。在许多国家，这是由法律规定的。

公开剽窃通常发生在原作品的来路多少有些不明，并且不太可能被察觉的情况下，比如把别人的英文论文抄成中文在国内发表或者把别人的中文论文抄成英文在国外发表（后者要求很高的英文水平，所以也不常见）。有时也有无意而产生的剽窃，例如，人们在做口头报告时（比如使用幻灯片），在教学活动或网站上，通常会用到一些别人已经发表的具有高度概括性的图表，这些也可以看作侵犯版权。我对博士生的要求是，在幻灯片上要明确地注明出处，这样一来，就会被看作是一种捧场，而不能算作剽窃。

有时候你会看到这样的现象：你的一个很好的科研项目建议在前一年的专家评审会上不幸没有被通过，但第二年却有别的人以与你一模一样的科研项目建议（甚至文字都没有变）在专家评审会上通过了。这就是被称为最难对付的剽窃。这种剽窃是通过保密渠道透露给个人资料，比如提交的手稿（打印稿）或申请方案，甚至是私下的交谈。手稿（打印稿）或申请方案中的信息是保密的（通常这不会标上“保密”二字），不能被评审者使用，当然也不能复制，这是评审者起码的科学道德。这类行为会因公众的揭发而被禁止在杂志上公开发表，或者使项目资助遭到有关赞助者的拒绝。利用私下交谈中获得的信息并不一定会被视为剽窃，而且要找到证据也很困难。记住，如果数据和想法是在公开场合，甚至是在并不保密的私下交谈中说出来的，那么，就应该想到其他人也有可能会使用它们。就另一方面来说，在同一个领域里，按照其他人（尤其是私下的）向你谈到的想法进行工作，很可能会招来敌手。如果与给你启发或信息的人一起就你想做的以及有哪些可能的合作进行讨论，就可以很容易地避免这种情况的发生。

一个正在走向成功的人，会收集和接触到许多优秀的学术论文、专著、成果、数据等，会不自觉地受到这些优秀材料和信息的吸引，有时候，不自觉地产生了剽窃。重要的是吸取他们中优秀之精髓，并致力于创新和推进。以宽宏的姿态对待你之前的一切研究成果或记录，你会感到这样的成功是无限幸福、无上荣光的。

（原文发表于《科技导报》，略有修改）

讲座44

忽略和假冒也是科学上严重的不道德行为

你一定还记得，是否诚实，从小时候起就是家长最为关心的品格，撒谎是绝对不允许的。在进入大学后，老师在这方面的关注之一，往往是告诫学生们在实验中千万不要把数据搞错了，哪怕是不经意的疏漏。当这样的事无论有意无意出现于公开发表的学术论文中时，这就是一种学术欺诈。在科学研究中，有两种常见的欺诈行为：一种是忽略行为，另一种是更为严重的假冒行为。

忽略行为，实际上指的是不提供资料或不提供数据，谎称研究成功。你可能无法重复这类成功（因为当事人的目的就是为了欺骗）。在严重的情况下，我们可以看到有人公开宣称创立了对科学技术新的统一理论或者诸如此类，但在其文章和专著中看不到任何研究的资料或用作证据的数据，他滔滔不绝地引用 2 000 多年前古人们的著作，擅自宣称一个新的科学统一理论诞生了。他宣称自己登上了“珠穆朗玛峰”，但所有人都不知道他的“喜马拉雅山”和“青藏高原”在哪里。作为年轻科研人员，较容易发生的是，在作为实验结果的一系列输出数据中，你在公开发表时故意不提供最为关键的数据，或者在发表的一系列数据中有一个数据被你有意无意地“丢掉”或“改动”了。

更为严重的是假冒行为。忽略也好，假冒也好，都是对科研事实的隐瞒或欺骗，都含有误导或夸大的企图。假冒行为包括捏造或伪造，在大多数情况下，这意味着有意地改变或虚构结果，或是对已获得认可、已取得成就的成果进行误传。我们的确在媒体上看到被揭发出来的、拿别人的样品来代替自己的研究结果而进行鉴定的欺诈行为。

当你成为一名带着本科生、研究生、博士生进行科研的导师以后，你最担心的恐怕就是学生们在你不在场的那次实验中，结束后向你提供的实验结果有假。通常，越是直接地参与研究工作，你就越有可能看出潜在的违规行为，因为你也参与了实验，能够亲眼看到第一手资料。随着实验室技术的发展，科研项目的增多等原因，你参与实验工作的机会可能越来越少，需要更多地依赖他人所提供的信息来推进科研。在这种情况下，在实验室（学科组）内形成一种开放的文化就显得很有必要，在这样的文化氛围中，允许出差错而不受到斥责，大家承认实验都有失败的可能。无论得到的是什么结果，都必须并且尽可能地仔细审查原始数据，鼓励实验室的其他人独立进行重复实验。原始记录本要做真实的记录，并且不得涂改撕页。尤为重要的是，每个人都应该意识到这些实验如果发表了，还要在其他实验室被重复，因此，必须对科研违规可能导致的后果心知肚明。

人人都应该旗帜鲜明地反对一切违背科学道德的行为。年轻科研人员要清楚科学研究中什么是可以接受的、什么是不可以接受的。应该认识到，即使是忽略不合适的数据（事先没有确定好规则）也会构成违规。欺诈性的数据具有某些特征——它们通常比实验结果所显示的正态分布更缺少变化，几乎没有奇异值。伪造往往偏好于阿拉伯数字，因为人们可以对数字进行选择。

有时，一起工作的同事能够早在导师或实验室主任觉察之前就猜到了某些违规或欺诈行为，这可能是某个人的实验看上去总是很“成”（绝无“不成”的时候），也可能是其他人在重复实验时总无法得到相同的数据而普遍产生怀疑，还有可能是发现了一些直接的证据。

如何揭发欺诈行为值得谈一谈。如果你对某个同事持有怀疑，无论对错，一般的做法是，先不要声张，说不定是你搞错了，或者弄不好你会受到伤害。揭露可疑事件需要经过深思熟虑——如何揭露，什么时候揭露，向谁揭露？首先应告知你的直接上司（例如导师），也许最初只是表现出一种随意的关注。即使那样，也要讲清楚这只是私下讨论，这样才是明智的，至少你要听听他们的意见和建议。除非你有确凿的证据，否则，你所说的就有可能遭到质疑或不信任，甚至还可能会给你带来大麻烦。要抓住事实，而不是一味地怀疑，而且无论如何都不应该借此伤害与自己意见不合的人。要把所有的记录或其他证据存放在安全的地方，以免发生变故或“丢失”。

违规的嫌疑一旦被告发，接下来的事情可能非常棘手，尤其是对于提供线索的人。令人遗憾的是，在许多已公开的违规行为案例中，检举揭发者最终与被告发者同样倒霉（甚至更糟）。揭发违规行为的人应该清楚这一点，但是这不应该被看作不采取行动的理由。对于违规事件，应该在什么时候正式向上级、资助机构或国家有关部门汇报，这是个很难回答的问题。怎样做出决定取决于该事件的严重性和具体情况。为此，相应的制度或法规需要更加详细和完善。

（原文发表于《科技导报》，略有修改）

讲座45

学术论文要挖规律利积累讲好故事

科学共同体中大多数人在得到科学研究成果以后的常规做法是，公开自己的成果（或发现），在多数情况下以学术论文的形式发表。

作为一位科研人员，科学研究一旦得到成果，你会感到这才是自己获得的最大酬谢和喜悦。你想想看，也许你本打算待在电影院看电影、在歌剧院里看歌剧或者在电视机前看连续剧，但不得不独自一人在实验室忙到深夜，也许最近几个月一直不大顺利，而且这偏偏又是实验进展的最关键时期。你在实验过程中时不时地担心、失望、绝望，或者一个接一个的“卡壳”，这些在你实验成功后都在瞬间消失了，曾经有过的种种体验在这一时刻都变得值得。即使你的成功也只是在一个大课题中添了一块砖头，这也意味着你的努力得到了回报，你看到了盼望中的结果，以及某些可望得到发表的东西。如果你刚刚成为一位科研人员（也许在研究所，也许在高校），产生“我有什么好写的呢”这种思想是很容易的，因为你做实验很累，因为你还不知道刚刚得到的结果是否到了可以发表的程度。但无论我们喜欢与否，将研究数据和相关事实公布出来都是科学研究走向成功的关键之一。在科学共同体中，判断一个人是否成功，就是看有没有研究成果，多数时候这就意味着学术论文被同行专家审核通过且在学术期刊上发表。有的时候，你的确想到了把前一个实验的结果写出来发表，但只是下一个实验看起来马上就要做完，其结果可能更好，你就犹豫了。实际情况是，无论你的研究做得多么好，无论你的下一篇论文多么重要，在多数专业和领域中，成功取决于你已经发表了什么。

那么，我们究竟为什么发表学术论文呢？这倒值得说一说。你一定记得上小学时学到的一则著名的古代故事，叫“曹冲称象”。后来又学了一些科学历史的故事，知道了阿基米德发明浮力定律的经历。今天，我们把这两个几乎都处于古文明时代的、又都与浮力有联系的事件放在一起，不得不感慨，同样的聪明，然而一个历尽岁月而停留在文化的层次上（作为小学生的课文），一个成为科学殿堂中闪闪发光的明珠，无时无刻不在造福人类。看起来，把自己的发现，放入科学的殿堂之中，是十分重要的。有相当一部分学术论文的作者，至今把自己的工作停留在“曹冲称象”的水平上，改变这种文化是当务之急。这样说来，从自己科学研究的经历和成果中，发现科学、工程、技术的规律，这才是我们发表学术论文的重要初衷之一。

能够把自己的研究和实验（在学术论文中）归结为科学、技术、工程有关规律或其一部分，这显然不错。但曾有位学生跑到我跟前说，他

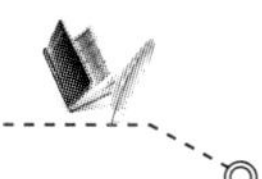

要是“早生二三百年”就好了，这是不切实际的。虽然说科学技术研究最终要化为一种个人的活动，至少对大多数专业和领域的科技工作者来说是这样的，但是，科学技术最终的成功取决于集体的努力，这中间包括具有各种互补技能的科技工作者，以及由他们组成的巨大的科学共同体。科学共同体内的协作和互动被认为是科学和人文之间的重要区别之一。科学技术的进步取决于思想的共享、技术的发展和科学发现，而这些既取决于历史的机遇（二三百年前现代科学初创期的确存在着较多的科学发现和技术发明机遇），还取决于全世界科学家之间的交流、对话，以及科学共同体的积累。积极发表能为这种交流、对话和积累作出贡献的原创性学术论文，这也是我们发表学术论文的重要初衷之一。

还有一件事值得说一说。多少年来，我们从事科学研究的模式似乎一直是这样：别国的科学家总是“讲故事”，我们总是“听故事”，然后复制这些“故事”。这种情景，理、工、农、医好像都差不多。今天，是到了换身份的时候了。我们不仅应该“听故事”，我们还应该“讲故事”。掌握科技领域国际话语权，对于正在建设创新型国家的中国科技界来说，是一项十分紧迫的任务。学术论文中要讲好故事，不但要讲好科学故事，而且要讲好中国故事。为此，科学家们在科学研究中，要掌握更高层次的抽象和思考能力。一是要有更多的符合国际科技论文写作规范的原创性学术论文，在中国和世界的科学共同体中传播；二是要有一批科学家能从浩瀚的新文献中找到那些含金量最大的国内国外文献，从中认真总结出指导课题发展方向的综述性学术论文，并在学术期刊和学术会议中引起共鸣；三是要有一大批大师级专家能从前两类文献中提炼出含金量更高的学术著作、学术理论。中国科研人员掌握了这三招，就会涌现出许多来自中国的科技故事。

讲座 46

一次演讲：今天我们怎样搞科研

一、对科学技术的理解是需要时间的

中国科协前主席韩启德院士曾经说，一个人要做到全身心地投入研究中，大概要经历 10 多年时间，因为对科学技术真正的理解是需要时间的。

为了理解科学技术，请重视良好的交流。成功的科学家经常出现在学术交流中，本专业的学术会议他们一个不落，本专业的学术期刊中总能发现他们的论文。有机会看见一位真正的科学家对自己的成长来说是很重要的，因为明天你就要成为他们之一。

要到真正的图书馆去，浏览相关学科的学术期刊和书籍。请问：世界上最优秀的思想在哪里？答案是在图书馆的图书之中。厚重有深度的

内容还是需要通过书籍传播，许多优秀的科学家还是习惯从书籍当中获取人类对世界的深度思考和认知。

二、我们需要什么样的科研人员

科学家的天职和主流品格是以科学技术成果造福人类、服务时代。经常思考什么才是好的课题是你必修的功课，也是非常值得的。课题要到科学技术前沿和难处找一找，到经济社会、企业的急需之处找一找，到小康生活的日常之处找一找。

科技界前辈们十分重视对学术文献的调研，这是因为这能帮助他站在巨人的肩膀上，帮助他了解什么是好课题。

三、自己动手做研究

如果说科学研究成果是科学家献给世界的一颗颗“珍珠”，那么学术论文就是对“珍珠”的采集。你对科学技术真理的追求也是由学术论文来记录的。你在撰写和发表学术论文时精益求精是非常值得的。科学史告诉我们，一代又一代的科学家们都是被科学研究“雕刻”而成的。

科学家绝对不能自己不动手搞研究做实验，不动手撰写论文，让别人成为自己完成课题和写论文的“替身”。如此而行的结局难以磨炼出在国际科技界同行中被认可的科学家，也写不出具有真知灼见的学术论文。

四、增加思考科学的时间是多么重要

作为科研人员，增加思考科学的时间是多么重要。有相当一些研究人员，不是不勤奋，而是用于思考的时间太少。你一定有体会，很多东西好像是从聊天中得来的，无论是与导师、教研室老师还是同事的聊天。更多的人有一个更好的体会：读书就是为了成为一个会思考的人。

我碰到过一些工程师或者专业技术人员都很爱读书。读书是一种修养。在你的科学研究中，你的生活中，特别是你现在的气质中，藏着你走过的路，读过的书，爱过的人。你读过的书其实早已融进你的骨头和血液，只要一个触动点，就会喷泻而出。不仅仅是现代理、工、农、医知识体系，历史、文学、哲学、艺术的知识可以大大打开你智慧的潜能。脚步不能丈量的地方，文字可以；眼睛到不了的地方，文字可以。请不要抱怨读书是“坐冷板凳”，那是一条你攀登科研高峰的路。

五、科研也需要考虑公平

科研行为的一个重要方面是公平地对待与你共事的人。现在，科学研究一般都需要许多人组成团队一起工作，每个人都要做出各自的贡献，同时也希望获得认可。在完成了实验要发表学术论文时，有贡献的人就可以署上名。

岁月流逝，谁署名第一，谁署名第几，产生了意义：这关系到公平。有些人为署名顺序耿耿于怀，难免影响科研上的合作。这里最重要的原则是有贡献的人应该得到认可，这不仅应该反映在论文的署名（以及署名的顺序）上，而且在口头报告和非正式场合中也应该得到体现。一位走向成功的人士，总是不会忘记在任何场合指明，某个科学认识应该归功于某人的贡献，不能把这种公平仅仅给予那些大科学家和著名科学家。

六、请把论文发表出来

当我们谈到发表学术论文的时候，许多人会有一种思想——“我有

什么好写的呢？”产生这种思想是很容易的，因为你做实验很累，你做研究很费劲，如果你是医生，你给病人看病忙的都没有休息时间，因为你还不知道刚刚得到的结果是否到了可以被发表、允许发表的程度。但无论我们喜欢与否，将研究数据和相关事实公布出来都是科学研究走向成功的关键之一。

在科学共同体中，判断一个人是否成功，就是看有没有研究成果，多数时候这就意味着学术论文被同行专家审核通过并且在学术期刊上发表。有的时候，你的确想到了把前一个实验的结果写出来发表，但只是下一个实验看起来马上就要做完，其结果可能更好，你就犹豫了。实际情况是，无论你的研究做得多么好，无论你的下一篇论文多么重要，在多数专业的领域中，成功取决于你已经发表了什么。

七、搞科研需要抽象思维

那么，我们究竟为什么发表学术论文呢？这倒值得说一说。我们都知道，在中国小学的课本上有一个“曹冲称象”的故事；我们也都知道，在世界科技史上有阿基米德洗澡发现浮力定律的故事。几乎同样的故事，前一个经历岁月而停留在文化的层次上，作为课文，成为一代又一代中国儿童的聪明榜样，而后一个成为科学殿堂中闪闪发光的明珠，作为科学定律无时无刻不在造福人类。

的确，把自己的科研成果，放在科学的殿堂之中，是十分重要的。在曹冲和阿基米德之间，只有一步之遥，这就是“抽象思维”。遗憾的是，眼下有相当一部分学术论文的作者，至今把自己的工作停留在“曹冲称象”的水平上。改变这种文化是当务之急。这样说来，从自己科研的成果中，发现科学的、工程的、技术的规律，这才是我们发表学术论文的重要初衷之一。

八、要重视对话和积累

曾经有一位学生跑到我跟前说，他要是“早生二三百年”就好了。这是不切实际的。虽然说科学技术的研究最终要化为一种个人的活动，至少对大多数专业和领域的科技工作者来说是这样的，但是，科学技术的最后成功取决于集体的努力，这中间包括具有各种互补技能的科技工作者，以及由他们组成的巨大的科学共同体。

科学技术的进步取决于思想的共享、技术的发展和科学发现，而这些取决于历史的机遇。由此，二三百年前现代科学初创期的确存在着较多的科学发现和技术发明机遇，但还要取决于全世界科学家之间的交流、对话，以及科学共同体的积累。积极发表能为这种交流、对话和积累作出贡献的原创性学术论文，这也是我们发表学术论文的重要初衷之一。

九、重视撰写和出版最优秀的专业著作

我愿意与你一道畅想这样一件事：50 年以后，100 年以后，一位你所在专业的学生，在图书馆书架林立的长廊里穿梭，他说：“我要找一本书，我导师让我一定要看看这本书。”而这本书就是你在 50 年前、100 年前写的。

如果你已经是一位执教多年的教师，那么考虑出专著并不是一件难事，你是科学技术学术圈中最有资格出书的人，你已经有了经验和积累，你可以为历史留下系统的文字。

十、成长为科技领军人才

我们满怀信心地相信，中国明天的科技领军人才，就在今天的年轻科研群体之中。

领军人才的关键词是“带领并影响该专业该学科发展”，再看大家所发表论文的基本属性，正是推动相应专业或学科中某个方面的研究，论文中的创新也是在这个意义上才具有了重要意义。可见，只要你在做科研、发论文，你实际上就是在赋予自己一些领军人才必须具备的学术要素。

要参与重要科研，能在学科上专业上发挥重要作用的，总是那些开展重大课题研究的人。还有一个特点，能够成为领军人才的，总是会被已经成为领军人物的研究者所吸引，总是会参与学术优秀的人们的活动，总想知道这些人在研究什么、怎么开展研究的。

十一、做世界级的专家

作为一名科技人员，你除了在自己的领域成为世界级的专家，别无他求。第一，尽早建立你的国际学术声誉。第二，擅长写作和演讲，了解什么是最前沿的课题，让自己成为前沿课题的一个参与者，也就是所谓的“时势造英雄”。做到这两点，实际上意味着你必须让全世界知道你是谁。怎么样才能让全世界都知道你呢？这需要你在优秀的学术期刊上发表文章，在顶尖的学术会议上介绍你的研究。很多人以为搞科研是最最重要的，相比之下，写论文和做报告不那么重要。这种想法并不正确。

世界级的专家往往超脱了个人层面、学科组层面，能够站在本专业

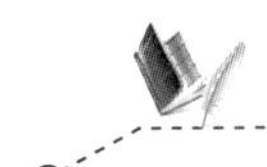

（本课题）科学共同体的层面进行思考和研究，他们有一种把本专业（国内国外）许许多多科研人员分散的、独立的智慧整合上升为科学共同体的集体（整体）智慧的能力。我们在中国科技界的学术会议和学术期刊是很难碰上这种智慧的结晶。我们的学术会议和期刊似乎也没有这样的追求。需要指出的是，有国际影响的专家必产生于科学共同体的有分量的综述报告、学术专著和那些具有强烈生命力的学术活动中。在他们的成长之中，必定向世界贡献出许多这种智慧结晶。

十二、我们需要学术大师

这是时代的呼唤。由于现代中国较为稳定的持续发展只有短暂的40年，我们在自然科学领域的大师远远不足。缺乏战略型的领军人才是目前我国科技发展面临的突出问题。

大师的出现和教育有关。1991年，钱学森院士曾经就科学技术帅才问题致信朱光亚院士。这是中国科协的两位前主席。钱老从4个层次提出了精辟的见解。一是现代教育体制，所谓“理工大学”，二是先进的学科、专业，三是自然科学与社会科学的结合，四是博士制度。

大师的造就和对重大问题的研究有关。有人认为，在重大问题的解决上取得重大突破，能够突破空间（国界）限制、能够经受时代的考验，是大师大作的三大特征。“在科学的道路上，没有平坦的大道，只有不畏劳苦，沿着陡峭山路攀登的人，才有希望到达光辉的顶点。”马克思的名言说明大师之路是开辟之路、探索之路，也是不平坦的路。大师往往是概念、命题或者理论的化身。提出一个概念并不太难，难的是得到世人的认可。大凡大师，在概念、命题与理论的构建上必有创新。就实践而言，伟大的学问无疑是服务于时代与国家，但更超越时代与地

域，成为全人类的共同财富。

小结

一、对科学技术的理解是需要时间的

二、我们需要什么样的科研人员

三、自己动手做研究

四、增加思考科学的时间是多么重要

五、科研也需要考虑公平

六、请把论文发表出来

七、搞科研需要抽象思维

八、要重视对话和积累

九、重视撰写和出版最优秀的专业著作

十、成长为科技领军人才

十一、做世界级的专家

十二、我们需要学术大师

《如何攻读博士学位》《如何开始科学研究》《如何当好博士生导师》，冯长根教授用这三本书以谈心的方式，提供了知性达理的思考和解决方案。

谢谢！

2018 年 10 月 20 日

讲座47

仔细挑选自己学术论文的上位论文

一篇优秀的学术论文总会涉及优秀的“上位”论文。简单说来，你在研究中参考的文献，你在论文中引用的论文就是上位论文。不仔细挑选自己学术论文的参考文献，其实是一个大的失误。试想你的学术论文如果是从牛顿、爱因斯坦的工作开始的，即你把他们的经典学术论文作为你研究的上位论文，而你又有了值得发表的新成果或新发现，你的成果代表了他们震撼世界的成果的“下游”，那么你的学术论文的水平绝不会低。马马虎虎选择自己新论文的上位论文，或者，压根儿就没有上位论文，你在实践中虽然参考了一些重要论文，但你在发表时不把它们列入参考文献中，不是正确的做法。你在论文中洋洋洒洒的论述是无源之水（虽然你还做了实验），这样的论文不能成为令人信服的科学技术

学术论文，顶多算一篇文化意义上随意发挥的论文。话又说回来，从牛顿、爱因斯坦以来，成千上万的科学家已经沿着他们的研究在往前发展，你也不必再直接从他们那样的上位论文开始。

当然，有上位论文虽然十分必要——不可能没有青藏高原、没有喜马拉雅山，突然就宣称登上了珠穆朗玛峰——学术论文有无原创的东西仍然是最为重要的。你有了创新的发现或发展，你的论文也就会成为别人发表论文时的上位论文。能够成为同行们的上位论文是一种科学的荣誉和价值。在科学领域的公开发表物中，原创的、有相关评论的研究性论文是最基本的，就是说，它们必须包含一些新的科学发现，包括新方法、新成果、对现有数据重新进行计算或质疑所获得的数据，或者更为令人惊喜的——有重大的科学突破。在写论文之前仔细想一想自己究竟有了什么新的内容。无论这个创新的细节如何，都必须是新的，必须是原创的。创新是一个值得你永远记住的科研原则。

我还要说一说综述性学术论文。如果你手上有了20～30篇有关课题的上位论文，那么，你希望综述它们的愿望就会呼之欲出。对现有数据进行综述也是公开发表物中的一种重要形式。尽管综述论文很少能够像新成果那样受到认真对待或获得广泛的赞誉，但是科学共同体中对综述论文的阅读和对该综述的引用也会达到相当的数量。毕竟，这些综述往往是同行们智慧的结晶。我的博士论文，实际上开始于4篇同一课题方向的综述论文，此后我对综述论文重要性的认识大大提高。新的数据可以通过多种形式和风格呈现出来，在综述论文中，便可以优化研究成果的呈现形式，使其产生最佳的影响力，这可能与获取数据同样重要。

值得指出的是，学术意义上的综述性学术论文严格以公开发表物为综述的来源，基本信息来源于已经发表的优秀的专业人员的学术论文，没有无源之水。综述论文中的抽象性信息则来源于作者的劳动。有个别中文综述论文没有参考文献，有一些只有极少量的参考文献，这样的综述无疑只是文化意义上的某种工作评论，发展科学技术的价值大打折扣。对于正在走向成功的年轻科研人员，若要写综述论文，你应首先准备或者检查手上是否有20～30篇优秀的本课题的学术论文，然后你才有可能综述它们中间的新成果或者新方法。写完这样的综述论文以后，要检查是否被综述的论文都写进了参考文献之中，是否有优秀的论文并没有被收进来。

成功的综述论文实践，往往会导致相应学科在概念、方法、理论上的创新，从而推动了学科发展，而这正是通向学术成功之路。优秀的理论思维能力，会导致新科学理论的诞生，无论这些新科学理论是以综述的形式，还是专著的形式公开发表出来。这样做，才是一位优秀科学家的特征之一。多数时候，找到一篇这样的学术综述论文，你肯定会爱不释手。既然如此，你在写综述论文的时候，也就会跃跃欲试写出这样的来。

讲座 48

重视自己的科学写作能力

在成为科研人员（或者教学科研人员）之前，你也许发表过论文，也许没有发表过论文（眼下这种情况极少了），但你肯定完成了一篇学位论文。无论在风格上、篇幅上，还是在内容上，学位论文与发表在期刊上的学术论文是完全不同的，但科学写作的原则十分相似，都需要掌握一些特定的规则和风格。在你动手写一篇学术论文时，你是否真正清楚它们呢？

你从科研和实验中得到了令人满意的可以发表的结果。为了发表新的结果，你对于手中一些优秀的被称为你的研究工作的“上位论文”是怎么写出来的大感兴趣。这些上位论文极大部分是已经发表在学术期刊上的论文，少量的是专利、公开或内部科技报告、专著。你于是开始十

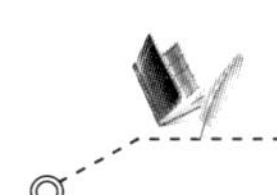

分仔细地从“他们是如何写的”这个角度审看这些参考文献，特别是学术论文。你把这些论文和自己的科研过程一一对照，恐怕会发现，这两者并不相同。不仅如此，大量已经发表的学术论文很容易引起人们的误解，因为它们通常按照背景、假说、目的、方法、结果、讨论、结论这样的逻辑和线性过程来叙述。而事实上，大多数科学研究在实际运作过程中更倾向于不停地尝试各种不同的实验和思路。也许纯粹的数学推导和论证过程是少数例外之一，在那里，要么成功，要么另起炉灶重新推导。在别的领域，有时，最激动人心的成果意外地产生于似乎毫不相干的某一次实验中，“基础的”实验可能直到最后才得以完成，所考虑的“逻辑进程”以及科学研究方法中一个细节接着一个细节看来十分完美的流程，也许直到实验结束以后才最终得以确定下来。你一定熟悉这样一句话：机遇不是计划出来的。其实，科学研究过程也一样。如果一个科学家能够精确地按照做实验时那种时间先后和思考时的前后顺序表述他们的论题或论文，那么他是很幸运的。这种情况其实是比较少见的。更常见的倒是相反的情况：数据整理完之后才能确定逻辑顺序（这也说明及时整理数据是多么重要）。另外一个情况是，你总会有一些疏漏。你写完了整篇论文，这时候你发现了实验中有遗漏（当然这就得补上），但这仍不算为时过晚，更晚的情况是在评论者或审查者已经提出他们的意见之后，实验的遗漏才得到了填补。

要记住的是，在学术论文写作中，无论是在整体的科学逻辑上，还是在更具体的写作层面上，表述是最为关键的。也许因为这个原因，有些人从内心不大愿意写论文。你总是写不出与别人不同的表述，的确如此，很少有科学家是由于自己在读写方面具有天赋和才能而选择科学事业的，也不会有多少科学家受过严格的科学写作训练。不过，人们越来

越认识到写作能力在科学研究中的重要性。你不仅仅要发表论文，你还要为申请课题经费写立项报告或申请书，你要为立项时的答辩写辩护报告，在课题进行之中你要在一定范围做内部报告，你肯定还要参与制定教学与行政文件等，这一切都离不开科学写作。

你也可能会觉得在得到现在的岗位以前有过科学写作的实践。不错，现在许多研究生课程都要求学生必须递交正规的文献综述、读书报告、进展报告或者“小论文”，才能通过该课程。这样的实践虽然不能让一切都达到完美，但却能帮很大的忙。更不要说有人已经在刊物上发表过学术论文，且多数人不会只有一篇。那时候，你得到过许多人的帮助，然而，在获得博士学位之后，一切就只能靠自己了。有一种情况下，你当然也会得到别人的帮助，这就是你主动征求别人建设性的批评。不是所有人都习惯于征求别人的批评，你得学一学如何征求别人的批评。这样做的确有难度，有谁愿意主动挨批评呢？在主动征求批评的情况下，除了遭到某种方式的拒绝，几乎不可能得到赞赏。你不妨自己站在一个挑剔的立场上，看一看自己的科学写作有哪些薄弱的地方容易让别人作为话题批评自己。在申请科研经费时，这样做至关重要：与其让权威专家们说自己的申请书没写好，还不如自己先说（当然你自己对自己说完后得修改过来）。话又说回来，也还有理想的做法。

你正在为发表一篇学术论文而花力气。你当然希望自己的论文发表后能够受到赞扬。你于是在写完初稿后想到了要请人看一看，得到一些建设性（多数时候是批评）的意见。要想让别人对你的论文给予中肯的评价，你不妨向这三种人请教，这可以算作你修改论文的最理想的做法。你已经有一位博士导师，他指导了你的博士论文（不要忘了你还有过一位硕士导师，如果不是同一位导师），他是你研究领域的专家，你

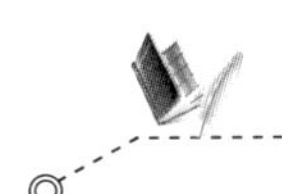

可以向他请教，他会乐于提出建议。这是你该请教的第一种人。这样的人还包括你以及你所在学科组比较亲近的合作者。在你的博士论文评阅人和答辩委员中也有你该请教的第一种人。

在你所想到的专家中，总会有一些人不像你导师之于你的课题那样专门。能够向这样的专家请教也是值得的，他们往往是你所感兴趣的更广一些领域（比如生物化学、环境生物或者天体物理学）的研究人员，这就是你该请教的第二种人。这些专家的特点是他们能够在一个不同层面（多数不在属于专业内容的层面）上评价你所写的东西。他们会审视你的论文是否容易读懂、是否思路清晰、是否具有逻辑、是否有意义。虽然从课题任务上看，他们和你的研究不在同一个范畴，但有时他们会从所在专业的角度审视你的结论是否能被同行们接受，他们不会过于关注细节。

现在要谈谈你该请教的第三种人。虽然他们就在你身边，但这种人看起来并非科技人员或研究人员——他们是那些受过教育、有文化且有耐心的人。由此，他们对你的专业内容是不会有兴趣的，他们关心你的学术论文，和他们关心新近发表的小说是差不多的，他们会苛刻地（但也不乏热情地）指出印刷上的错误、语言上的贫乏、格式上的不统一和结构上的混乱。这种人对你的重要性是另样的，你的同事、曾经的同学，由于“太了解”你这篇文章而会忽略许多值得关注的细节。能够看出你的学术论文中其他人容易疏忽的细节的，是第三种人。记住，你的父母、配偶、伙伴和好朋友虽然处于你的事业之外，但他们往往是最优秀的“读者”和“校对者”——他们陌生的眼光可以看出细节上的问题，而且他们具有不辞辛劳的品格，一页一页枯燥无味的文章他们是无所谓的，这有多好！

“如果要找这三种人请教，那我的论文什么时候才能送到学术期刊去啊”，你可能在心里说。你还可能熟悉你有时（特别是在当博士生时）请导师一修改就投寄的做法，“这样省时间”，你会说。这倒值得说一说。你很看重时间，这的确无可非议。但我想拿两个体育比赛形式来说明节约时间（抢时间）有时不在你追求的目标之内。你一定观赏过长跑运动（比如马拉松运动），你也一定观赏过百米短跑（还有像110米障碍跑等）。这两种运动都是关于速度的竞争（注意，它们才是争时间的），但它们是一样的吗？答案是否定的。在短跑运动中，起跑时的速度至关重要，以至于“抢跑”或“不易发现”的抢跑是运动员们耿耿于怀的“追求”。但在马拉松运动中，一两秒钟的抢跑是毫无意义的。值得指出的是，作为研究人员，你走向成功不属于短跑范畴，一生的成功类似于马拉松运动。优秀马拉松运动员是如何跑的？你的成功和他们是一致的。这样看起来，学术论文的质量才是你应该追求的，稍费一点时间，仍然在你走向成功的正常速度之内。记住，你不必为“慢”了一会儿而恐慌！

讲座49

有关学术论文表达的几点提醒

学术论文的表述有许多内容可说，就其中的格式而言，公式、图、表、字母、参考文献等如何表达，已经有许多著作，对于其中所提供的详细建议，你的了解必须达到较高的专业水平。我所在的学科组开办了一个网页（http://www.wuma.com.cn），上面有一篇专门讲博士论文格式问题的文章，其中的许多建议适用于一般学术论文。但许多学术期刊对所发表的论文格式有专门的指南，你得按这些指南中的要求编排论文的格式。你也可以参看《怎样撰写博士论文》（冯长根，科学出版社，2015）。

科学技术类文章的写作不同于写小说，也不同于为普通观众把一篇高雅的文学作品改编成电影剧本。学术论文不应该使用文学语言。有的

博士生喜欢在博士论文致谢中写上“三年寒窗”之类的文言文词语，这不但已经不是致谢，而且脱离了对博士论文的基本语言要求。学术论文必须使用科学的和专业的语言，而不是文学的语言。甚至口语式的语言也不应该出现在学术论文之中，除非你的论文正好在讨论这个语言。文学类、口语类语言在科学上缺乏严格的含义。如果一定要表达该语言所含的意思，你可以使用数据或其他科学语言。实在不知道是否合适，你可以尽量采用我们常说的“现代书面语言”。

对学术论文来说，最重要的是精确、简练、清晰，并且具有逻辑性、客观性，格式统一。专业词汇就是为此目的而产生的。你也许会因为缺乏经验，常常在结构混乱的论文中闲扯，堆砌辞藻，追求审美感而不顾曲解原义，这些当然是不可取的。比如，你这样总结了别人的一个结果，“张立等人1965年发现，X对Y有影响，并且随着X的变化，Y的生长率在不断增加”，或者你采取了与之相类似的另一种表述，“有数据显示，Y的生长率的增加是由于X的存在，这证明X与Y有联系”。其实，这两个例子可以更好地表述为，“X使Y的生长率得到增加（张立等，1965）”。在科学中，最简练的才是最好的。我在科研中推导一些数学性较强的学术题目时，常常感叹数学中虽然文字那么少，但美感那么强烈，真是美极了。数学的美，是数学家们这么多年共同创造的风格，你当然也可以为你所在的专业的科学共同体创造出同样的科学之美。

在学术论文的表述中，应该避免把自己的一点点工作往十全十美的方向作结论，也不要随意拔高事实。有的做了“地球”上的研究，却把它说成是“太阳系”的结论，这是不对的，除非你事先应用了统计分析方法。在另一些场合，除非有十分明显的证据，或者正好在讨论它，否则一般不要按照语言习惯过分添加修饰词。比如，说到“发展”时，不

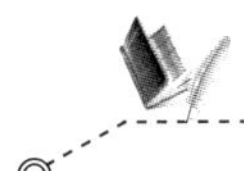

要写成“飞速发展”，说到“落后”时，不要写成“非常落后”，说到“存在”时，不要写成“普遍存在”，说到有问题时，不要写成“最难解决”。这种情况在初学写作的学生中常见。类似的情况还有，如“降低”与“大大降低”，“突破”与“重大突破”，“削弱”与“严重削弱”，“改善”与“大大改善”，“广泛”与“十分广泛”，“提高”与“大大提高”。有时候，有的论文作者会把“科学”“有效”写成“最科学”“最有效”，把“优势”写成“得天独厚的优势”，为此你应该想一想有什么事实和数据支持这么写？顺便提一下，在论文中，要说“详细讨论”，不要说“用大量篇幅来讨论”。

（原文发表于《科技导报》，略有修改）

讲座50

写学术论文时要记住它是给读者看的

这次，从学术论文的读者谈起。关于读者，值得你记住的是这么一个事实：他们是一个有判断力的科学群体，他们有能力并且希望作出他们自己对你论文的判断。这句话的潜在含义是，他们会从一个科学共同体的最高专业水平去判断你在论文中反映的意义和水平，而不会首先相信你在论文中所说的意义和水平。记住，如果你的论文充其量只能成为某个专业课程的辅导材料，他们为什么要看你的论文？另一方面，如果你特别欣赏你得到的成果，也要避免自己夸耀，小心地使用诸如“真是太有趣了”“这些结果非常有趣”这类文字，它们可能会引起读者反感，有时还会导致这样的反应：“谁会对此有兴趣？”你可能的确为自己的数据（科研结果）而激动，不经意地在论文中说“这些数据非常激动人

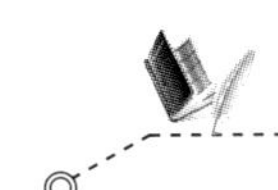

心”，但这样做不仅不会让读者激动，而且还会令他们讨厌你的假想，只有说别的作者得到了激动人心的数据，才不会有这个问题。

读者当然需要你对自己论文的意义和水平的提示（或认识）。为了说明意义，你需要有一种由于“站在巨人肩膀上”而产生的理解能力，对自己从事的课题有着与本课题所在科学共同体至今最高专业水平一致的理解和判断（想想看，文献调研有多必要）。而你的论文水平通常是通过与上位论文的比较就可以确定的。上位论文即你引用的那些体现最新最高水平的经典或公认的学术文献（参考文献）。这里的基本原则只有一个，即如实相告，既不要夸大，但同样也不要太过谦虚。假如实验结果不是像你所预期的那样，这并不是你的错。假如实验结果确实很重要，它总会被人看出来，你所在的科学共同体不乏这种能力。如果别人不同意你的观点，你也应当接受，但这不是接受审判，不需要在这一点上纠缠不休。你真正需要做的无非就是要融入自己所在专业的科学共同体中，能应用他们的专业词汇和他们集体所体现的水平，成为他们之中的成功者之一。

学术论文中一个重要的特点是它要求其报道的内容有精确性，尽管做到这一点有时候是令人十分头疼的。精确性在与科学共同体的同事们作沟通和交流时是十分重要的。文学作品关心的是个案（或叫典型），科学研究关注一般规律。虽然在学术论文中也要使用概数，但是你如果用“大部分”“许多”“有时”“偶尔”这样的词时，就应该给出一个值，比如“大多数（70%）的样品有反应”。这个要求实际上也在告诉你一个潜规则，即你不能“隐瞒”数据。科学研究的特征之一是追求事实（真理），其中极大部分表现为数值或数据。文学作品则极少有这种追求。在学术论文中提供一个人人都知道的“典型事例”当然不会成为

最差的例子，但是如果你不能按该课题的要求提供其他类似的数据，那么你的学术论文就有被否定的危险。要是你做的是生物科学与技术方面的研究，在讨论各种生物机制时，无论是做的生物体内的还是生物体外的实验，在描述结果时都应讲清楚生物的种别，还有那些做动物实验时必要的来源、品种，以及其他特征数据，若需批准则要有批准文号等。

也许你所在的团队在积累学术文献方面十分强势，更好的情况下也许还是引导着本课题学术前沿的团队之一。值得指出的是，一位科研人员应该广泛阅读，除了掌握和收集信息，把一篇一篇分散的论文通过获得那些真实和本质的信息，上升为科学共同体的集体水平，而且还要注意那些颇具才能的科学家是如何撰写简明、精确同时又通俗易读的作品的。还记得曹冲称象的故事吧。学术论文是使你的研究结果从经验走向规律的极好载体。写作的目的是要让读者（科学共同体）明白作品的内容，尽量看懂那些数据，承认研究结论适合于一般的领域，并且看出其中的含义。这种升华的工作，最需要精确的表述。所有这些要让读者明白的，都要在最短的时间内、花最少的精力并且在有限的版面内完成——科学家都很忙，而编辑们要控制他们的版面数。

这里不妨设想一次写作。写作中遇到的最糟糕的事，莫过于手里拿着纸和笔，或者手指触摸着计算机键盘，却眼巴巴地瞪着空白页，没有任何进展。你明明知道有东西可以写，但却下不去笔。有时就算你能够填上一些内容，但最后还是将它一页一页地丢进垃圾篓。这样当然既浪费了精力，也浪费了时间。也许你要调整心情，放松一些——换另一种方式写作。至少可以从你能够写的东西开始，比如，把你每个实验计划中所有的资料列在一个表上（说不定你会发现有某些遗漏），如果可能的话，把所有的数据以相同的格式集中起来并附上摘要，为图形和图表

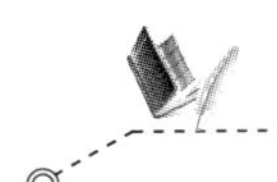

写出说明（即使其中有些内容以后可能没有用），对你的研究和发现作一个概括。然而，最重要也是最值得推荐的是制订一个计划。

为学术论文制订一个计划，无论是对于有条理的写作还是批评式的讨论，甚至是对于个人的信心，都是十分重要的。有经验的人会把这个计划酝酿于心。大多数初学写作的人不妨把计划写出来，这样可以帮你确定一个框架和目标，一旦你确定了所要写的内容，实际的写作过程就会简单很多。这些内容也不一定要顺序而写。如果你遇到一些觉得非常困难的东西，那么可以先写计划中比较容易的部分——实验方法显然是其中之一。讨论部分会比较难写，你可以放到后面再写。事实上，“引言”并不一定是最先完成的部分。如果没有计划，空白的纸上就可能一直这么空着，你也可能会陷入无目的地翻查文献资料的困惑之中。

制订计划的第一步，是明确你要写什么，你的读者是谁，这似乎是显而易见的，但却往往被忽视。在你的研究论文或实验中，有些可以写出来，有些不必写出来，有一些事你必须多想一想。例如，你的论文用什么格式写？投到哪家学术期刊？必须详细到什么程度？这些问题会影响到你写什么。不管写什么类型的作品，都要把你想让别人知道的信息确定为最主要的内容，这些最主要的内容要给以最多的关照。当你深入细节时，会很容易忽略主要的目的或内容，必要时，用最简短的话把这些要点写出来，标上“一、二、三”等序号。在你对主要部分有了一个简要的安排后，还要加上一些实质的内容，比如每部分要写什么，大概写多长？这样做的目的是为了给自己一个机会，因为你可能会在这里发现自己遗漏了一些重要的资料、数据或参考文献。有时需要反复思考自己的结果究竟说明了什么。即使这些都有了，要进入实际的写作过程还为时过早。一是要再次检查研究结果是否全面，二是要与学科组的学术

带头人（有经验的人）——可能是你的导师，他也是你的论文的最大支持者——讨论一下你的计划。然后把计划搁置一段时间（其实是放到心里，给予一个琢磨的过程），几天后再回过头来看一下——它看上去还与你最初写的时候一样好吗？计划不一定是固定不变的，在写作过程中，你制订的计划肯定是要被修改的。和有经验的人一样，你会看到它并不完全适合于你真正想表达或能够表达的东西。计划的作用是在于写作思路的导引，你可以在写作过程中不断加以修正，它始终为你提供一个框架。

人们通常习惯于按部就班地写，也就是从“引言”开始写。但更多的人会从方法或结果开始写。大多数学术论文要求有摘要，这通常在写作的最后才能完成，且往往写得比较匆忙。你也许并不重视摘要，但我要提醒你，摘要其实很重要。一些重要的文摘和索引刊物，会刊登论文的摘要，人们从摘要决定要不要把你的论文作为“上位论文”。许许多多大学本科学生恰恰也是从摘要了解各学科的进展的，他们的文献调研就是阅读摘要。如果把摘要在写作之初就完成，可能会对你有很大帮助。摘要实际上是另一个形式的写作计划。虽然这个部分以后肯定是要修改和改进的，但它与计划一样有助于明确撰写思路。

前文建议“不妨设想一次写作”，且也谈到了“摘要”。摘要也许是论文中最重要的部分，这是因为它往往最先被读者看到，并给读者留下难以改变的印象。你在拿到一篇学术论文的时候，最先进入眼帘的当然是题目，但是题目提供的信息是十分有限的，且往往不成为读者最渴望的信息，摘要就承担了这样的期待，它确定了文章的基调，并告诉读者能够读到什么内容。我最初在导师指导下共同发表学术论文时，有一个体会，即导师总是把摘要写得十分流畅，亮点突出，成为全文使用语言

最精彩的部分之一。你一定明白，如果它写得很拙劣，含糊不清或不切主题，就不会给读者留下什么印象了。如果这样，谁会说得上你的论文是好是孬？谁会引用你的论文呢？

当你写作时，一定要想到读者。这些读者，不是你的同行（有些肯定是本专业老资格科研人员甚至“权威”），就是比你晚一些时间进入本专业的博士生、博士后。他们一定希望方便、迅速地获得信息。请你回忆一下，当你刚刚成为博士生时，你开始搞研究、做实验，你最需要从学术论文中了解什么信息？你对学术论文有过这样的渴望，所有搞科研的人都如此。你的导师只可能与你有有限的接触（他有自己的工作），这决定了导师并不能成为向你提供100%你渴望中的信息的源泉，这个角色、这个源泉是你手上那些学术论文，它们构成了你最需要的100%的信息。科学共同体对于哪些学术论文具有这方面功能，哪些论文并不具备这方面的功能是有共识的。这往往反映在学术论文中对“引用论文”的仔细挑选和具体评价。现在，你写学术论文了，你能否使自己的论文向同行们提供可能被大家认可的贡献呢？我相信你行。为了不至于使同行认为你的引用过于外行，请你认真对待上位论文。你写“引言”的目的，就是要使自己的研究有一个背景，并使学术论文成为一系列上位论文“链”中的一分子。你不过是准确引用了大家公认的上位论文，但恰恰因为这样做，你的论文成了许多后续学术论文的上位论文。当然，要是这样的话，你的学术论文总要在上位论文的基础上有发展（或者有结果，无论什么方面）。

不要把上位论文只当成你的学术论文中印刷符号“[ ]”中的一个数字，你可以而且应该为你的上位论文的意义和作用进行具体评价，这是展示你的专业知识最直接的“试金石”。我通常告诉博士生要引用具有

这三类性质的学术文献：里程碑性质的、标志性的、基石性的。而且我要求他们在论文正文中要写出上位论文的作者姓名，把他们写成姓名而不是“数字”，前者要比后者礼貌。学术论文中参考文献的引用和标注，体现着一种在广泛范围内促进同行认可的基本的和重要的做法；学术论文中严谨的参考文献标注和对同行工作的评价，就是一个科技评价的平台。事实上，越是会从专业角度准确用文字评价上位论文的实际贡献，你越有可能发展成为本专业的领军人物。

当你写到更具体的正文内容时，要通过清晰的小标题、图形和表格中简明而规范的注解、客观而非主观的讨论以及清晰的“道路标志”，帮助读者阅读文章。“道路标志”之一是小标题，但更有可能的是各个部分开头和结尾的简要陈述。尤其是在“讨论”这一部分，简要的陈述作为“路标”时，既能概括前面出现的内容，又可以承接下一个部分。当文章稍长时，精心设计上述“路标”，能够帮助读者选择自己想阅读的部分，并且有助于保持他们阅读的注意力。

（原文发表于《科技导报》，略有修改）

讲座51

质量低下的学术论文总是起因于作者的“匆匆忙忙”

表述是写作学术论文需要考虑的重要内容之一。可以想象，你手边肯定已经有那些十分得心应手的通用文字处理软件、制图软件、拼写检查和查找工具，它们对于写作的极大帮助，几乎无人会有异议。然而使用这些工具又会让时间消耗在制作各种图形及调配色彩上，你会不自觉地进入一个“时间陷阱”，往往分散了对于实际写作本身的注意力。越是发表学术论文不多的，越会沉入这个工作之中，因为这样做比提高论文质量容易得多。你该记住的是，图形的艺术加工并不能掩盖文章质量的低劣或重要数据的缺失。质量低下的学术论文总是起因于作者的“匆匆忙忙”，这实际上反映了性格上的草率。无论如何，我们不能为草率寻找借口。印刷上的错误、格式的不统一、参考文献的遗漏或数据的不

完备，诸如此类的草率表述，都会传递出错误的信息，即使是你宣称作为“草稿”提交给导师（学术带头人）或合作者的第一次印刷版本。拙劣的表述形式有可能使读者（记住，读者是你的同行）以为你在科学研究上也是那么草率，而这种判断会让你失去许多成功的机会。

要在一开始就把学术论文的格式定下来，这也许由期刊社统一规定。为此要首先决定准备投稿的刊物。格式不难实施，你手上总会有一些同一刊物的学术论文格式可以参考。一旦定下格式，要始终保持一致。行文要使用统一的行距字距，字号也要一致，这方面的不一致导致有的段落密、有的段落疏，失去了“成品”感，让人感到你的学术论文还没有修改完。

就一篇高质量的学术论文而言，它的质量总是存在于某种“形式”之中，这些“形式”包括引言中对上位论文的引用与评价、研究方法（例如新的修正的方法）、实验（例如新的装置、工艺、样品等）、结果。同时，质量还存在于这些“形式”中：即数学公式、图、表、参考文献。我们说“要用科学语言写自己的研究结果”，即是用好数学公式、图、表、参考文献等。如果说你的学术论文中的“继承”性在“引言”“方法”“实验”“参考文献”中体现多一些，那么你的学术论文中的“创新性”在“数学公式”“图”“表”“讨论”“结论”中体现得更多一些。不仅如此，新概念、新理论往往见诸于“数学公式”“图”和“讨论”中，而你的概括和抽象能力会见于“表”“讨论”“结论”中。你用心设计这些科学语言是非常值得的。如何设计好这些科学语言，我在网页（http://www.wuma.com.cn）上一篇专门讲博士论文格式问题的文章中给出了一些例子（也可见参考书《怎样撰写博士论文》，冯长根，科学出版社，2015）。

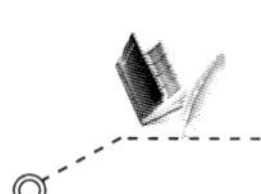

科学语言在学术论文中的执行是容易的，真正的难题是用科学语言进行科学思维，即拿手上的科学语言通过科学思维写出自己研究工作的真正价值。即使你手边有许多一流的论文，只从形式上参考了这些论文的结果，这种思维不会导致深刻的发现。由“能人”曹冲通向科学家阿基米德的宽广桥梁是进行科学思维。在本专业范围内，谁进行着最值得学习的科学思维，科学共同体是有共识的，他们自然形成本专业的领军人群。

学术论文的写作修改是无止境的。即使你竭尽全力反复检查，并且以你能想象的最好方式呈现你的数据，你还是要做好接受严厉批评的准备。如果批评来自你的导师、学术带头人或令人敬重的同事，它可能是建设性的、有益的，但若是来自论文的评审者，那就可能是令你难受的了。

（原文发表于《科技导报》，略有修改）

讲座52

年轻科研人员如何引用别人的论著

引用他人的论著真的非常值得吗？答案是肯定的。到2018年，我指导的博士生已经有92位答辩毕业了，这么多次把博士论文送给专家评阅，专家们几乎都会关心这么一件事：这个课题中我知道的最重要的那些学术论著，博士论文中出现了吗？我早期的一位博士生（现已是博士生导师），在从本校一位知名专家的手中取回评阅意见书后，高兴地对我说，他的博士论文受到了表扬。问其原因，就是那位专家夸奖他的论文中引用了专家知道的几乎所有本课题重要发现以及进展的论著。而那位专家正是当时国内本课题最年长最受尊敬的专家。

假如你投寄了学术论文，肯定会引起评审者或审查者（他们是你的同行专家）恼怒的是：他们的论著，尤其是该领域中具有潜在重要价值的论文不被引用。如果你要在科学上走向成功，对这种可能的反应不能掉以轻心。认真的学者投论文时有时会有战战兢兢的心理，就是害怕论文中可能有这种缺失。

这种行为轻则会被看作无知，反映出作者对该领域知识的严重缺乏；重则被看作态度傲慢，即作者有意不给这些专家以应有的尊重。你打破了科学共同体的秩序，这是问题的本质。如果真是这样，你的论文即使发表了你也不会有好果子吃，肯定不会有多少人看重你的“学品”，这会导致你的论文被打入“冷宫”——没有什么人引用。

对文献的理解和掌握是科学写作以及科学研究中必须具备的最基本也是最起码的能力。你得克服在这方面的惰性。我相信在你博士学位的训练之中以及此前的课程中不乏查阅文献方面的锻炼，你一定已有了相当的经验。虽然一个课题会有大量的新文献要查阅（你在博士期间得到的文献可能与其不是同一个课题），文献规模使这一工作变得令人畏惧，但是你也要始终保持一种渴望查阅新文献的激情。你不仅要尽早开始阅读相关的文献（最好是在开始做课题之前），而且还必须不停地更新阅读内容。

即使这样做了，也不要想从资深科学家那里获得更多的同情。在他们走向成功的年代，查阅文献比现在困难得多。他们知道，虽然比起二三十年前他们做课题时，这个领域要大得多，文献也更加广泛，但是当年他们必须一页一页地翻阅最新内容的印刷版文献（有的甚至是缩微胶片），步行到图书馆资料室去影印论文。更早几年，他们还需要把资料记录在卡片上，然后在整理学术论文中加以引用，如果出现差错，还得再查原件。与此相比，要了解最新的文献资料，今天有许多更为方便的途径。就看看你的周围吧，通过社会公共机构（学校、研究所）甚至个

人的订阅，许多杂志都可以实现“在线”浏览。因特网（互联网）检索引擎的出现加强了搜索的功能，你“百度”一下就可能得到数以万计的网页信息。应当利用文字处理软件制作一个可以随时更新的电子表格，建立最新的参考书目数据库。记住，所谓“没有看到前几周发表的某篇重要论文”，这样的托词现在是得不到同情的。

要注意可能出现的另一个问题。搜索关键词并浏览论文当然很好，但是你还应该浏览你的研究领域的所有主要期刊以及某些综合性期刊，了解你的主要研究领域之外的动态。这会有助于你不断开阔眼界，了解各种最新的重大进展。多少年来，人们总结了一个规律：一个人将成为什么样的人，就看他阅读什么样的书——一个将要成为领军人物的专家，必看领军人物的专著！我们都喜欢阅读和参考那些优秀的学术论文，只因为优秀论文是科学家们献给世界（不仅仅是他们的专业）的精美科学结晶。

信息化当然是今天的科学送给科学人的恩惠，但这里也存在着一定的隐患，你在引用别人的论著时就会碰到。有一种日常心理现在已是人们的共识——虽然自己身处风景如画、名胜众多的某个城市，总感到它们就在身边，参观是很容易的，但事实是，一转眼几十年过去了，你还没有参观过身边的许多名胜。你使用计算机存储资料也是如此，因为检索和存储如此容易，让你以为，一篇论文被安全地存储在数据库中也就等于存在了你的大脑中，尽管事实上你只是浏览了标题。你一定要坚决避免这种情况。阅读是十分重要的，你的专业水平正比于这些阅读。如果你连阅读都做不到，那么参考别人的论文从何谈起，又如何引用呢？

当然，你不大可能像阅读自己所在的研究领域中的论文那样阅读所有的东西。我攻博时的确希望自己阅读所有我找到的有关论文，但很快我放弃了这种念头，实际上我也没有做到过如此阅读。能够这样做的领域，只能是非常窄小的或者非常新的领域。所以，明智地选择论文进行阅读是很有必要的。谁能在这方面帮助你呢？你当然很自然地想到了曾经的博士生或博士后导师。我的确也是如此。当年我开始做博士论文，就是导师帮助我做了这方面的选择——他要求我先阅读 3 个方面但数量不多的文献：一是我的导师已经发表的学术论文，大多是与博士生一起署名发表的，二是几篇综述论文，其中有我的导师写的，三是几本专著，但是都已经旧了。我很快体会到我由此找到了我在前面讲过的本课题“里程碑性质的”“标志性的”“基石性的”学术论文。这种收获使我对参考文献有了深深的体会。前面多次讲到的上位论文这个概念，就是这样产生的。

能够被引用从而成为同行们将要发表的学术论文的上位论文，是科学界的荣誉和价值。你也不太可能一辈子总是让导师告诉你应该阅读哪些学术论文——你现在自己就是导师，很快你会成为硕士生和博士生的导师。你该如何指导自己或学生的阅读（也就是引用）呢？这个问题，科学界恰恰是通过引用别人的论文和专著来完成的。经过挑剔的选择，科学家们把一些人的学术论文作为自己科学研究的上位论文在学术论文中加以引用，更多的人于是把这些论文作为一种选择而自己阅读或让学生们阅读。科学技术实际上就是由这样严格选择出来的一系列上位论文持续发展的。值得指出的是，这个循环中所出现的“评价”，才是真正的科学技术评价。不鼓励这种评价，而让并不存在的“第三者”“中介组织”来专门评价，是不适当的。当务之急，是要在发表学术论文时，选择好上位论文或参考文献。而你的选择，实际上是产生科学价值的。

阅读这样的论文，你好比站在了高山之巅，它们会告诉你，在你的领域研究什么最合适，所采用的方法是什么，以及这些实验、研究说明了什么。即使是从一般渠道得到的论文，通过阅读你也能判断出这是不是一篇重要的论文，你也能判断出该论文中是否包含你可能会用到的方法。这样的话，对这篇论文你不但要阅读它，还应该反复阅读它。对于其他一些论文，阅读后你会发现它只是一篇快速浏览后可以存储起来的论文，遗憾的是，这样的论文数量不少。你要尽量避免生产这样的论文。勇于做别人论文的上位论文，应该成为你的目标之一，这意味着你的论文确有进展。

选择论文通常意味着要仔细阅读摘要或概要，这里恰恰是告诉你该论文研究什么、所采用的方法以及研究结果说明了什么的地方。读过摘要后，引言的最后一段应该会说明论文的意图是什么，同时，讨论到最后应该会给出结论——只要是一篇好论文。记住，重要的学术论文不应该只出现在引言中，它们更应该出现在讨论之中。出现在引言中，说明这是一篇经“挑剔”被作者（通常是不同论文的许多作者）评价为“里程碑”“基础”“标志性”的论文，然而，引文出现在讨论之中，它就具有了“有生命力”的性质。如此，你论文的质量也大大提高了。清晰的表格和图形，加上恰当的图例，能够揭示出与结果相关的所有内容。阅读这样的论文，不仅能使你获得有关最新研究的重要信息，而且会有助于你明白如何撰写并提交一篇好的论文。同时，这样的论文人们也乐于在自己的论文中加以引用，这里的潜规则是“引用这样的好论文使人感到光彩”。对科技论文以及非科技论文进行广泛的阅读是提高你的写作水平的最佳途径之一，你还会因此积累相当丰富的文献引用的经验。当然，也不要对你所读到的一切都信以为真，即使是优秀期刊上刊登的论文，也可能由于种种原因而在将来被证明是错的，或其中的某一部分是

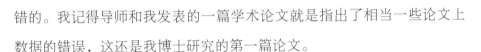

错的。我记得导师和我发表的一篇学术论文就是指出了相当一些论文上数据的错误，这还是我博士研究的第一篇论文。

我在前面谈到过综述文章。一些综述，特别是刊登在顶尖期刊上由某个研究领域带头人所写的综述，会对该学科提供一个带有判断性的概括。其中的被引用学术论文是作者在精心积累的文献资料中择优挑选的，在综述中又给以了准确的评论和介绍。这应该成为你在自己的学术论文中如何引用别人的著作的范例。还要记住，在你写作时，引用要适度，不能广泛地或频繁地引用它们——否则说明你也许没有阅读原始文献，你被科学共同体打下的烙印是你在阅读原始文献方面很偷懒。而且这种现象也很难消除，往往很长时间后还在流传。

当你写完某篇原创的原始文献后，要抓紧补查一次最新的文献情况，看一看是否已经出现了本研究领域更新更合适你引用的文献。我的一位博士生在写完学位论文后又跑到专业图书馆去查了一次文献，这种做法有助于提高论文的质量。还要注意的是，一篇综述很可能是在一年以前就写好的，所以应对每一篇所引用的最新参考文献进行核对。在新的一年中，已经出现了本领域的新进展是非常可能的。在多人合作的著作中，某些章节就是由于这个原因而声名狼藉的，因为往往会有合作者拖延到截止日期后几个月才交稿，这就影响了整本书的进度。虽然你应该阅读本领域所有的、至少是大多数的出版物，但你不可能全部加以引用，选择是非常关键的。你也肯定不会是第一个遇到这个问题的人，你手上重要参考文献的每一位作者都需要解决这个问题——你可以从中得出你的做法。如果有太多的论文需要引用，你在论文中不妨这样说，“最早由张三等人开展的研究，最近李四作了评论（综述）”。重要的判断，特别是你论文中必须用到的那些结论，要有明确来源，它们通常是

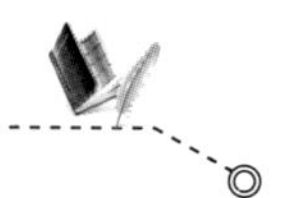

你正在研究的上一个成果。根据一般的经验，如果有些内容已被普遍接受并被收录在教科书中，那么你就没有必要为它注明出处。在论文的每一句话上都标上一串引文并不见得是一个好做法，你要么被人打下不会引用文献的烙印，要么就是论文的跳跃过大，以至于一句话就会关联到若干引文。

（原文发表于《科技导报》，略有修改）

讲座 53

合理地致谢和署名很久以来就是科学界的惯例

在学术论文中，除了引用他人公开发表的作品，还应该提及作者之外那些帮助过该项研究的人，感谢对研究工作进行资助的团体和机构，以及各种实验材料的捐赠人。这样做，很久以来就是科学界的惯例。你在学术论文中对资助的团体作出致谢，这种反馈不仅仅为了感恩。这是严格必须的，这样做突显了资助机构的社会责任和业绩。更多的作者也可能认为对资助机构表示感谢是一种荣誉：不是每个科研人员都能得到有名的机构资助。如果所用的实验材料（比如细胞或动物）是由公司免费提供的，只要有正式的协议，发表学术论文就必须得到他们的书面允许。我在搞研究时还碰到这样的情况，一位在另一所高等学校工作的同行教授开发了一种软件正好是我们需要的工具之一，我们无偿地得到了

使用权，条件仅仅是在发表学术论文时提及该软件的来源。如果在你的研究中为了表征或测量而用的仪器设备实际上在另一个学术机构（比如另一个知名的实验室），尽管你可能为了这项研究付了相应费用，也绝不要在发表学术论文时闪烁其词地让读者感到这个特殊的设备仿佛是你的机构所有的。正确的做法是明确这项工作是在别的某个机构做的，且表示谢意。反之，你会让人十分生气。“某人为某些生长测定提供了技术援助”，完全不同于“某人做了生长测定”，后者意味着测定工作并不是由你做的，你不能将这些工作归功于自己。准确地选择“致谢”中的措辞可以避免这样的混淆。

并非帮助者，而是一起做了研究工作和参与撰写了学术论文的人，就可以在学术论文中署名。实际上，署名问题并非如此简单。本文在这里讨论的某些做法也不一定为你所认可，也许你还有别的原则。不管怎么说，确定谁是论文的作者以及署名的顺序可能是个棘手的问题。无论你在科研院所还是高等院校工作，当你在争取晋升更高一层技术职称（或某项评审）时，人们看到有关的规定总是倾向于看你作为“第一作者”的学术论文有多少。所以，最好在项目进程中尽早考虑署名及顺序问题并摊开来讨论。如果你的项目是和另一个学术机构的同行合作进行的，那么轮流作为合作研究所发表的论文的第一作者是可取的做法。论文作者对论文负有责任，并投入了精力，因此可以肯定，所有作者都对项目方案的构想、计划和设计，以及论文的撰写或最终完成作出过重要贡献，所以也应该了解并且有能力为所发表的整篇论文辩护。你可能用自己承担的某项研究，指导着硕士生甚至博士生的学位论文工作，虽然不少学校规定这些学生在按要求完成的学术论文上必须是“第一作者”，而且那些天才的学生确实可以做到“为整篇论文辩护”，最合理的做法

是你作为第一作者或者通信作者，而把学生放在第二位。原因很简单，尽管有少数学生毕业后会留在你的身边继续相同的研究，但他们中多数人会离开学校或研究所从事别的工作，那么，5 年、10 年以后仍能为该项工作负责的人就不是他了（而应该是你）。为此，有些机构对“导师第一作者，学生第二作者”视为“学生第一作者”。某些人因为是系主任或项目总管，能够为经费、设备或实验室的使用提供某些方便，虽然并没有直接参与工作，也被列为论文的“名誉作者”，这是不公平的，他们不应该被考虑在作者之列。但是情况并不总是这么简单，要想得到某种重要的实验材料，其先决条件也许就是要把赠予者列为作者。但假如某个为你进行付费培育特定小鼠的实验室要求你把饲养者也作为你今后论文的作者，那么你应该拒绝这样做，这是过分的要求。为某项工作提供重要样品的科学家或临床医生，往往也希望被列为作者，假如他为准备某种特殊的重要实验材料付出了巨大努力，或为临床研究提供了一些诊断和意见，那么这个要求是正当的。

（原文发表于《科技导报》，略有修改）

讲座54

解决署名问题，协调是值得的

在署名问题上，你实际上会遇到的更多问题与技术协助有关——技术员（或者在技术上协助过你的人）是否应该被列为作者？在多数机构，这样的人就在你周围。如果这位技术员是你的科研项目的共同承担者，答案是显而易见的：他有资格成为作者之一。除此以外，要解决这个问题，也许可以看他们是简单地做了常规化验，还是对技术做了一些改进或更新。有时，就如你正在咨询和共同研究的人，能否成为作者就要看他是在关键之处给了你十分专业的技术解决方案，还是仅仅作为你的研究项目的热情鼓吹者、坚定支持者。换句话说，他们是不是做了比一般性服务更多的工作，是不是对论文中的科学方面（而不是技术方面）作出过贡献？如果没有，那么他们的名字应该被列入致谢一栏，而不是被列为作者。有时候，你指导着不止一位学生，一位同学完成一篇论文时会把另一位并不进行同一研究的同学也列为作者。也许这是出于一个善良的想法：这样做，后者多了一篇论文，将来后者写论文时也写上前者的名字，于是前者也多一篇论文。但是，这种思维是不值得鼓励的。除非他也作出了贡献，否则没有做同一课题的不要作为作者，这样做实际上偏离了对真理和事实的追求。解决这个问题也很简单，指导的老师可以更多地鼓励同学之间的互相协作。

另一方面，在科技界当然是人人希望对科学技术有所贡献，人们希望在学术论文上有署名的权利就是一个体现。为此在实际操作中，宁可过于谨慎也不可把作者漏掉（如果他们希望被列于其中），即使这并不完全合理。上下左右多想想，你会找到较合适的做法。如果你要署上自己以外的人名，你要征求对方的意见：他本人是否愿意成为作者之一？但要切记，有朝一日当你被邀请当作者时，假如你觉得实在没有正当理由，你应该表示可以看一看原稿，但无论有多大的诱惑，都要暂缓是否署名的决定。有时我的已经毕业的博士生会邀我成为他准备投稿的论文的作者，如果这项课题的确与我无关（我没作出过贡献），我会对他说：你可以有信心独立发表论文，而毋须再挂上导师的名字。作为导师，他传达的是这样的意思：科研上的独立思考更为重要。

我记得我和导师在《英国皇家学会会志》上发表论文时，作者是按姓氏第一个字母在英文字母中的顺序排列的。我的一位导师 Terry Boddington 的姓氏首字母是 B，我是 F，我于是就排在第二。现在很少看到按姓氏首字母顺序排列作者的做法。在许多场合，署名的顺序是非常重要的，在人们的思维定势中，第一作者通常是实际做研究的人（往往是博士生或博士后）；最后一位作者一般是监管研究工作、寻求经费资助

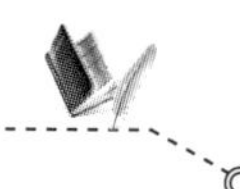

以及协调论文发表事宜的人；处于两者之间的作者所作的贡献相对较少。值得指出的是，这也并非惯例。许多人执行的恰恰是另一种思维定势：第一作者是作出第一位或者是最重要的贡献的人，第二作者次一些，第三作者再次一些，以此类推，有点儿像体育竞赛的名次。其实，科学研究远非如此简单。

当有两个或者更多的人对研究工作作出同等贡献时，还是会出现问题。当然可以将他们的名字并列为第一作者，但实际上在印刷论文时、在填项目经费申报表时、在申报奖项时、在被收入文摘索引类文献时，列在最前面的人总是更为有利。也许可以采取一种协商的办法，比如，一个人在某篇论文中作第一作者，另一个人在之后发表的另一篇中作第一作者。协商是值得提倡的，协商过程往往成为大家十分珍惜的团队精神、科学精神的好载体。当然，这样的事情决定起来还是比较困难的，应该通过公开讨论尽早定下来。争取合作做更多的课题，会使这种困难的解决进入一个良性互动的氛围。如果想避免相互伤了和气，还可以听听资深作者的意见。

（原文发表于《科技导报》，略有修改）

讲座55

投稿后要非常认真地阅读和回复编辑的信

署名通常是发表论文要做的最后一件事，这以后你就把论文投向了某一个你认为合适的学术期刊。

当你投稿以后，尽量不要与编辑发生冲突。编辑决定你的论文能否发表这不假，但在实际上你需要他站在你这一边。你在投稿以后总是想让编辑部马上告诉你论文是否可以发表，这不太现实，原因是所有编辑部在录用稿件时都要经历一定的程序，这需要时间。如果编辑在你投稿时就能决定录用与否，你要在这样的期刊上通过发表学术论文提高声望，会非常困难。科技界通常只尊重那些严格审稿后才发论文的期刊。如果你在一定的期限内（不同的期刊情况各不相同）没有得到编辑的回复，可以适当地用一种礼貌的方式询问论文的评审情况。不要对编辑提

到诸如“我上次投到另一个刊物人家很快就录用了”，也不要说“我评副教授送材料的截止期马上就到了”，前者会让人生气，后者超出了期刊编辑的责任范围。对于后一种情况，你的适当做法是在科研开始之初早做写作论文的打算并及时组织学术论文的文稿。

编辑的回信或电子回复会告诉你论文评审人的意见（通常是具体修改意见）以及编辑部的最后决定。论文的评审人也不会只有一人。你的论文会完全被采用或稍作修改后被采用，这是值得庆贺的，你会因此而高兴。更多情况下，编辑会要求你“须进一步实验”用以表示论文需要修改，可能大修改，也可能小修改。有时，这样的意思编辑也会用“可以采用”来表达。你收到的还常常是格式化的回复信。这中间包括论文被完全拒绝的情况。

要求修改也好，被完全拒绝也好，你的心情总是不愉快的。面对审稿人的意见，你的第一反应也许不是接受，而是觉得“不公平”“有偏见”“根本就没看懂（甚至没看过）论文”。其实你此时要的不是辩论。这些也许是真的，但在多数情况下，他们的确提出了一些有价值的观点。多看几遍回复意见，你的心情也许就好起来了。你开始思考了，你关注他们的话是否有道理，是否看出了论文中的大问题。你开始考虑是否应该对他们的看法作出响应，你甚至想到了如何回答他们的要求，包括对数据重新分析，甚至补做一些实验或工作。

要非常认真地阅读编辑的回信，重视其中提到的意见，并及时回复。有的期刊常用“修改后能够采用”，有的常用“如果能够解决评审者提出的问题，可以再投稿”，表示你必须做较大的修改，或对每一条评论给出详细的书面答复，连同修改过的论文一起再次投稿（送修改稿）。不认真修改或轻描淡写地修改，甚至故意遗漏有些意见不做修改，都是不合适的。这种情况一般出现在要匆忙离校到企业就业，且不再从事学术工作的博士生身上。当然，这些博士生这样做是不合适的。

像“以目前这种形式不能采用”的措词，也许允许再次投稿。而“退稿”或“不能采用”就很直接地表达了他们的意思。在被拒的情况下，进行意气用事的争论是不值得的。只有一个例外，即你确实感到评审者的批评完全误解了你在文稿中所表达的内容，或他们的看法的确存在缺陷，而你又能用事实支持自己的看法。此时，最好是写信给编辑表达你的看法，并礼貌地要求更换评审者。但你得明白这可能奏效，也可能白费力气。

有时，与编辑进行讨论（或许通过电话）是值得的，有些作者更是通过这种讨论获得成功，甚至会成为编辑的朋友。眼下，各学术期刊之间对学术论文稿件存在着激烈的竞争，为此有的编辑避免对一些论文进行重大批评，但这种论文实际上缺乏足够的影响，不能引起普遍的兴趣或好奇。对你来讲，避免发表这种论文，才能走向成功。

（原文发表于《科技导报》，略有修改）

讲座 56

评审论文就是把你曾经得到的公平再送给别人

如果你一直从事科学技术的研究，那么总有一天你会被要求评审别人的论文。当某个学术期刊的编辑邀请你评审一篇学术论文，你会有什么反应？多数人会接受这种邀请。但如果你当时很忙，也许你会产生一种下意识的动作——把这种邀请混同于一般事务，甚至很快就忘了学术期刊等着你的评审意见。这样做当然不合适。

联系到自己也在向各种学术期刊投稿这样的事实，你应该记住，这对你来说是一项责任重大的工作。推己及人的态度是你应有的。你想想看，当你投稿时，如果没有你其实并不知晓的若干位你的论文评审人，没有他们的职业精神，你的论文也就不可能出现于学术期刊上。你现在要为别的作者做点相同的工作了，你该用什么态度来做这件事呢？当初你是多么迫切地期盼你的论文评审人公正而不带任何偏见。有时候即使论文是竞争对手撰写的，评审人也秉持着同样公正的态度。他们这样做了，是吧？现在，你当然也应该像你被评审时希望评审者做的一样，公正、不带任何偏见。

假如你觉得不能非常专业地给出公正的评审，假如你对论文涉及的内容并不知根知底，或者假如你没有足够的时间，那么，你要立即把论文送回去。有时候，你被要求评审的论文作者是和你一起工作的同事（同一个课题组），你最好要求编辑请别的人来评审此文。总之，假如你由于此类利益冲突而无法评审论文，那么，你要立即把论文送回去。

别人曾经评审过你的论文，现在你评审着别人的论文（其实，你还会有让别人评审的时候），这样的往返交往是一种科学共同体的责任，这种责任和做法将要成为你的职业生涯的一部分，你一定要重视这件事，不可像平常说的那样“不往心里去”。评审时不公正对待别人的论文，会失去科学共同体和同事们对你的尊重。同时，一旦接受了该项任务，你应该尽快完成评审，并且准时归还论文。

评审当然是需要你独立完成的一项工作，但有经验的评审人不会排斥在有些情况下，接受同样有经验的人对该篇论文的建议。评审时最容易掉入的泥坑是把注意力过多地放在该论文的细节问题上，越是熟悉课题的评审人越容易这样做，另一类人是那些缺乏或根本没有评审论文经验的人，他们往往在这方面花费了大量的时间。利用你发表论文时编辑给你的评审人的建议和意见，可以打开你的评审思路。你会从中看到评审人审看你的论文时的心路思绪，而你现在在评审别人的论文时恰恰也需要进入同样的状态。就像大多数活动一样，实践会使你的评审工作越做越容易，越做越快。但是你肯定会有第一次，第一次怎么办？你经历过博士论文的答辩，

你也许从中看到了一些评审的影子，甚至悟到了其中的一些规律。如果有条件，可以读一读你的导师或者资深同事正在评审的论文，然后看看他们的评语是否与你的看法一致。当然，起初可能会不一致。

编辑邀请你评审论文，说明你对这个学术期刊至少是了解的，若更进一步，你应该是期刊的常读者。你的专业水平和职业精神在与期刊上的学术论文（在阅读时）碰撞时，会使你早已有了对已经发表的学术论文优劣的一般性评价，而这些又会补充到你的专业水平和职业精神之中。在这样的背景下，决定一篇论文是否应该发表，就只是把一般用到个案上，是不会很难的（这也说明了平时阅读期刊论文的重要性）。把你的看法按照主要方面和次要方面分成几个部分，前者表示最能引起关注的和需要做重大增补或修改的方面，后者例如排版、格式、附加说明或指出一些语法词汇错误。这样分开写的评审意见对编辑和作者来说会有很大的帮助。如果编辑给你的不是选项式的评审意见表，而是要求你用文字回复，那么关于论文是否可以采用的看法，只能放在专门写给编辑看的那个部分。记住把你的评语复印一份，因为论文修改后可能会再寄给你。我们还会遇到一些期刊要求评审者撰写一篇简短的评论，连同论文登载在同一期刊物上，这时你应该把你评审的论文放在一个更广阔的背景中，且用外行容易看得懂的方式撰写。

（原文发表于《科技导报》，略有修改）

讲座57

谈谈其他类型的公开出版物

这次谈一谈除了期刊学术论文以外的公开出版物。

作为一位正在走向成功的科研人员，经同行评审过而发表的论文确实很有价值，尤其是发表在好期刊上的论文。我在英国学习时几次参加学术会议，当有人说看到我（与导师）发表的论文时，我总感到很高兴。科研人员最重要的口碑源于这里。你应该经常想方设法完成这样的论文，即使它要花费你较长的时间，需要你做更多的实验。

你从事的科研会有不同的重要性，有时要完成这样的论文看起来并不太可能，你又希望多发一些文章（可能就是为了不想让求职履历上留下太多空白），那么在声望并不太高的期刊上发表一些小文章可能也很重要。对许多刚刚进入科研领域的人来说，出席学术会议时递交的论文摘要，会

对你有所帮助。你要写好这样的摘要，同时记住在会议上发言或出席会议是非常重要的。你热情洋溢的发言，往往会给你带来一种意想不到的“未来领军人物”式的口碑。

也许有人不喜欢写综述，因为这往往会花费大量的时间，而回报很少。其实不然，在你的研究领域中发表综述也可能是有价值的，并且会对你的事业有所帮助。对自己研究领域的全局观瞻能力，某种意义上的话语权，领域中各种新概念的命名权，都是伴随而来的收获的例子。有时，资深的同事会邀请你一同写个综述，那就不要错过这样的机会。在此之中，你会得到科研的一些好的经验。在你撰写博士学位论文时，你在写“引言”一章时所得到的感受，十分有益于眼下写综述。事实上，博士论文“引言”一章，就是一篇综述。有的把“引言”写成许多工作的罗列，这不利于培养综述的能力。试着概括相应领域的实际形势，给出自己的判断之词，有时，这些词会成为专业领域的新概念，而你就会因首次提出它而得到专业圈子里的荣誉。

与资深同事合作撰写的综述往往会被发表于有很高知名度的期刊上，这样你的文章就会被很多读者读到并加以引述。由于这个原因，许多学术期刊会适当地安排综述文章，扩大期刊的知名度。新创办的期刊也往往更重视刊发可能被广泛关注的综述，特别是声望较高的学者撰写的综述，这样做，新期刊的影响因子很快就达到很高的值。在期刊上（尤其是知名期刊上）发表了综述，也往往有助于你获得进一步的约稿或演讲邀请。有时，你也会被邀请合作写一本专著，这当然很好。但相比之下，在一本书中撰写几个章节，也许只能吸引很少一部分读者，并且写起来可能非常慢，尤其是那种由多位合作者合著的大部头书。

写专著在另一些场合还是很有价值的，一是你已经有几篇甚至若干篇

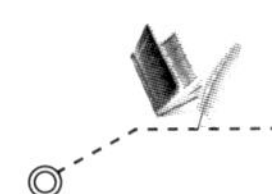

满意的综述了，二是学科的发展已经积累到足以成为一本专著的成果或者这种积累已经在呼唤一个新的综合。我回国不久就完成了一本专著，不仅出于我延续博士课题的强烈心愿，也是为了当时一门研究生课程的需要。

也还有其他类型的文章会不时地进入你的视野，比如发表在社会时政类报刊上的、科普杂志上的、你所在单位的内部出版物上的作品，都有助于你提高知名度。你不应该拒绝这样的约稿。许多科技社团的会员通讯（会讯），也刊载许多引人入胜的文章，在这种刊物上发表作品，甚至会更快地提高你在专业圈子中的知名度。当然，写这些文章免不了要占用你的时间，为此，一定要有所选择，并且在你同意撰稿之前，考虑一下需要花费多长时间（你平时的积累之心越细，你此时所需的时间越少），不要在交稿期逼近或不能交稿时因为得到不好的口碑而后悔不已（这样的坏口碑 5 年到 10 年都去不掉）。这样的作品不能没有（这是你的社会责任），但也不必太多。在科学研究中，真正要紧的是实实在在的科研论文。

（原文发表于《科技导报》，略有修改）

讲座 58

学术交流是科研人员学术生命的组成部分

现在要谈谈学术交流。

科研人员经常要做的一件事就是交流。学术交流往往成为科研人员工作的一部分，伴随着他们的一生。从这个意义上说，学术交流是他们生命的组成部分。我经常看到的情况是，有一些人总是坐在会场的最前面，他们总是乐于提问以及与演讲人讨论更深的问题。等到 5 年、10 年回头一看，这些科研人员往往已经成为本领域的学术骨干，其中的不少人最终成为本专业的学术大师。

科学界内部（当然还有对外部）交流的基本媒介是出版物，即学术论文、综述文章、专著和一般文章，我在以前的各篇中介绍了这些。但除文本之外，还有其他更多的形式，比如我在上面提到的学术交流会议。各种类型的口头交流，无论是长的或短的报告、壁报式交流、私下交流、小组讨论和团队式科研，对于在科学事业中获得成功以及赢得科学共同体的好口碑、成为科学界的知名人士，都是十分重要的。你在科研上的年头越长，它们就越重要。在各专业学会每年召开的年会上，能够在开幕式当天的大会上被邀请做报告，是一种莫大的荣誉，并且产生广泛的影响。在科学共同体内，这样的学术交流十分频繁，如果你被邀请做学术报告，那么你为此付出的比平常更多是十分值得的。

像专业学会年会这样的学术交流活动是一年一度的，也是规模宏大的，有时会有几千人与会。多数学术交流不会有这样的规模。就像有时老师给研究生开课时只有不到 10 人在上课一样，有一些交流会只吸引很少的人在听讲，这是正常的。一次交流的重要性和参加的人数没有必然的联系，多数时候情况正好相反。无论听众的规模或组成如何，每一种交流形式都有一个共同之处，就是要花费一定的时间和精力准备一份清晰的、专业的（但不能过于浮华的）陈述材料。就像写作一样，一些可利用的技术设备，比如精密复杂的制图软件和视听设备的使用，让那些草率的陈述变得完全不可原谅。交流的组织者都会对实际的交流陈述有一定的规定，你有意无意地违背这些要求是不明智的。

也许你没有在济济一堂的专家面前讲过话，但你也用不着对此感到害怕。在年轻的科研人员中（同样也包括许多年长和有经验的科学家），几乎没有多少人天生就具有面对一大群人演讲的本领和信心。一些年轻学生在刚成为博士生时，往往不会做口头报告，或者虽然在讲，但总让人感到没有讲好，甚至声音也太小。实践、训练和建设性的批评能够把最胆小和最不善言谈的演讲者变成能说会道的老手。已经经过博士训练的年轻科研人员在这方面就比攻读硕士学位的学生强。对于年轻科研人

员来说，应该有高于博士生的交流经验和水平。实验室会议、系或小组会议、做壁报交流（许多系的墙上有这种壁报）以及与你周围更多的同事（年长的或年轻的）进行交流，不仅能保证你的演讲技巧不断提高，还能让你不断产生交流的激情。

记住当你站在学术交流的讲坛上时，你有责任把你的研究中有价值的东西与听众交流。站在台上宣称要向台下的人学习是让人不可理解的，如果这样，他们为什么要坐下来听你的报告？尽量多地从资深同事那里汲取各种经验——好的方面以及不足之处。要抓住一切机会参加专题研讨会，听听有经验者的演讲。遇到一位真正优秀的科学家，对你来讲是十分重要的，因为明天你就是他们之一。有一些年轻科研人员并不热衷参加学术交流，因为题目听起来并没有吸引力，内容好像并不直接涉及他们研究的领域，或者根本没有时间。这看起来有道理。从表面上看，时间应该花在与你自己的研究直接相关的科学报告上去，但是，听一听那些看上去对于你无关紧要，却是由名气大、有才气的演讲者做的演讲，也是很重要的。这不仅能扩大你对更广泛领域的了解，增加你在新的技术、方法和思想方面的知识，而且，你也许可以（在无意中）遇到你的经费申请和论文的评审者，甚至你所在科学共同体的组织者和领导者，还能够学到有关演讲的许多知识。

你是有机会参加学术交流的，就是在会上做一次学术报告也不会是罕见的事情。几乎没有人会认为做学术报告可以马马虎虎。向一大群著名的科学家做演讲，在你心里仍可能会是一件令人恐惧的经历——如果你的准备不够充分，这可是最糟糕的。我经常因工作参加各种学术交流活动（或学术报告），时不时地碰到准备不好的报告。尽可能提前思考一下，确定到底需要在事先做些什么，对于一次演讲来说，想一想你的

听众是谁。你在做博士论文口头答辩时，“听众是谁”不是一个突出的问题，你当时的任务就是把自己的成果表达清楚。现在你在准备学术报告的时候，就得想一想，听众们是对你的研究领域知之甚少或一无所知的普通人，还是不太需要一般背景知识而只想深入了解演讲主题的更专业的群体？是否有学生参加？是本科生？还是硕士生？甚至是博士生？你为了申请经费、通过鉴定而进行的学术报告对你会有更加定向的要求，你绝对不能无意识地把这样的听众作为学生听众来进行准备。另外的一些问题是，演讲时可以用到哪些设备？演讲有多少时间？

你刚刚从博士生过来，你可能在以往的经历中从不考虑学术报告听众是谁有什么重要性，让听众（多数时候是老师或老师的同事）听明白是你奋斗的目标。即使如此，你也常常被批评报告做得不好。的确如此，演讲者往往只知道他们要说什么，而没有想到听众期望什么或想要什么。这几年，我在国内200多个高校和研究机构为研究生和老师们做演讲，演讲的题目是“研究生如何夯实成功科研生涯的基础”“今天，我们怎样做科研”，演讲获得成功的最突出一点，恰恰是演讲紧扣了研究生的期望，回答了一系列研究生要遇到的问题。一开始就向不熟悉演讲主题的一般听众阐述关于最新发现数据的细节问题，使用专业术语，描述精密复杂的技术，而不提供足够的背景知识和说明，这些都是不合适的，甚至是令人厌烦的。从一般意义上说，你所遇到的学术报告会有其明显不同特征的两类，一类是“论坛”“沙龙”“普及式”的报告，一类是“研究式”“研讨式”的报告，前者除了搞研究做实验的人员（科技人员），更广泛范围感兴趣的人员是交流的主角，这样的课题，比如环境、生态、资源、能源等科技问题，后者则只有搞研究、做实验的人员才感兴趣。多数时候你的学术报告是后一类。在这样的情况下，虽

然科学家通常能够听懂任何研究领域的演讲，但演讲者必须对术语和方法作出详细的说明，必须讲清楚该项工作的来龙去脉，否则他们也无法理解。请你反过来想一想，假如你不能把有关问题讲清楚，他们为什么要对你的演讲感兴趣呢。

也许你还没有参加过较多的学术交流，也没做过几次学术报告，在这种情况下，许多像你一样的人，甚至有一些经历稍多的科学家（经常但并非总是）会觉得，一个数据丰富、实验接着实验、概要或说明一应俱全的演讲，一定能够给听众留下深刻印象，这种看法是错误的。漂亮的投影、精美的图片、高技术的三维显示，都只有在让听众明白它们所指示的清晰思路时，才能发挥它们的作用。它们的确很吸引人，但它们是否帮助你把你的成果（或主要意思）深刻地留在了听众的头脑中，则并不确定。能够产生深刻印象的是清晰的介绍，它往往没有多少数据。对背景知识以及研究的目标和问题都一一表述清楚，并且能解释每一个实验的基础和结果的意义，你要做的仅仅如此，因为这些才表明你有清晰的思路、对主题有正确的见解，最重要的是你对听众有所了解。

十分重要的是安排好时间。也许你有过那种“讲着讲着，收不住了”的体验，这实际上是时间没有安排好。缺乏时间概念是在学术会议中经常看到的现象——报告人把“15 分钟的报告”几乎讲成了 30 分钟而毫无察觉。这种情况会让你在出名的同时，戴上了“没有时间概念”的帽子。如果这样，更重要的学术活动会远离你——你不像别人那样经常得到邀请做报告。

正确的做法是在决定参加学术交流活动——一次会议或报告——并要发言时，首先非常仔细地核对提供给演讲者的时间，搞清楚并记住这段时间是否包括讨论在内。给予演讲者 20 分钟报告时间，通常意味着包

含5分钟的讨论时间给听众提问，演讲者只讲15分钟。记住时间过得是很快的。有时主持人提醒报告人“还有2分钟”，然而报告人又讲了7、8分钟才结束，这是令人反感的。与“侵占了别人的报告时间”相比，你的演讲内容是否完整应该放在第二。前者会让你得到了几分钟时间而丢失了名声，后者则恰恰可以用许多办法予以补充（比如顺便给听众一个你认为满意且切题的文献）。记住给提问留出时间，绝不要把时间用完，不留提问时间的做法是不礼貌的，也是不能接受的。弄清楚时间（比如15分钟）有多长的最好办法是事前演练。这其实不难，我的几位博士生在经过几次演练后，把原先讲1小时的情况，练习到了答辩所要求的40分钟。前后相差1分钟左右可以接受，但如果规定20分钟（还包括讨论），结果却讲了25分钟，就会引起听众和组织者的不满，如果主持人提醒了你而不能照主持人说的做，这是恶劣的冒犯，前者和后者都可能意味着你已被以后的学术会议列入了“黑名单”。

有了以上准备，然后可以制订一个演讲计划，就像你做一篇论文或一系列实验那样。无论是时间长的演讲，或者是时间短的演讲，都应该包括引言、背景说明（或叫科学问题）、研究目标、已经做了哪些工作和怎么做的（在大多数情况下要简要介绍研究方法）、结果及其意义。在报告时间比较短的情况下，这些不同内容（除了结果、意义）都可以只是一两句话或者加插在结果和意义叙述之中（通常作为定语和状语）。实际上也只能这样。记住，“内容丰富”不大能在短时间的报告中得到体现，你没有那么多时间。

接下来，有必要就你所想到的各个方面进行一番演练，尤其可以在同事面前演练。这样做的好处，是他们会非常真诚但不顾情面地提出自己的批评意见。我在指导大家演练中碰到的一件最想不到的事是，有时

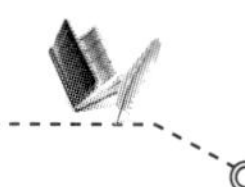

你遇到的演讲人（在校博士和硕士生）讲话声音极轻，信心不足会加剧这个现象。这时，就需要若干次演练。

哪些内容讲的时间长一些，哪些内容讲的时间短一些，你的时间安排一定要合理，并且知道自己要说什么，该强调的要用吸引人的词汇，不该强调的地方绝不无故插入许多花絮使人听起来以为是重点。对于那些完全缺乏经验又容易紧张的演讲者来说，第一次演讲时把演讲稿一字一句背熟可能会有所帮助，但在这样做时要注意让演讲听起来不像是背诵。要做到“听起来不像是背诵”并不容易，但经过努力可以有改进。在演讲时，最好不要把要讲的话写在纸上，并打算用这张纸来提醒自己，这样做，你有可能在演讲时只是把纸上的话念了一遍，这样的演讲是极无味的。也不要企图把要讲的话都做成幻灯片上的内容，在演讲时，你极有可能只是把幻灯片念了一遍，而这也是极无味的。即使对于有经验的演讲者来说，也必须知道最初几分钟应该说什么，知道幻灯片或投影片的先后顺序。记住每张幻灯片的一两个关键词，然后在演讲之间围绕关键词对幻灯片的内容（通常是数字、曲线、照片）加以补充是一种好办法，这使你传达的信息量增加了一倍。

当然，许多经验丰富的演讲者会事先准备好要讲的内容，但并不一定要进行正式的演练。演练总是平淡无奇的，但作为一名正在走向成功的年轻人，有几次演练是必不可少的。说到底，这种“平淡无奇的演讲”总比你完全忘了所要说的内容而在报告席上干站着出现冷场要好。

（原文发表于《科技导报》，略有修改）

讲座 59

学术报告时的互动不只是回答问题那么简单

在学术报告会上一般都会有提问时间，现在又叫互动时间，通常在5分钟左右。如果碰到系里专门邀请的专家，这样的提问时间还会更长，因为这是目标十分窄的专门报告，听的人与讲的人一样都十分关注报告的内容，这时容易就报告的某一方面展开深入的讨论。无论是在哪种情况下，当你做完演讲，就要准备回答听众的提问，不可径直走下台坐下来，被人再叫上去回答提问总不是那么合适。

当你结束演讲准备接受提问时，要保持礼貌的微笑，并告诉大家你很乐意回答他们提出的任何问题。这反映出你的热情，更为重要的，是你传达了这样一个信息：你是对所报告的科学研究负有责任的作者，且你愿意承担这样的责任。越是成功的演讲者，越愿意承担这样的责任。

刚刚走入科学研究职业的年轻人会对提问有些恐惧，这是可以理解的。即使这样，你也要勇敢面对任何提问。这样的提问，通常是善意的询问和讨论，其实是一种科学讨论。我所在的学科组每年要组织一二百人的国际学术会议，你总能发现，有些专家的提问，实际上是站在初入本行的博士、博士后立场上，协助演讲者把没讲透的内容，通过回答提问，讲得通俗明白一些，让更多的听众对此引起注意（从这里可以看出学会提问也是很重要的）。如果你在平时已经就如何进行科学讨论得到了一定程度的训练，那么，你在济济一堂的听众面前回答一个提问，也就不过是科学讨论而已。为此，你在平时要多与人进行科学讨论。

也许你是一位热心的回答者，这时最糟糕的是你在回答时不顾时间的限制，占用大量时间来讲述自己实验中的细枝末节，全然不顾后面的演讲人还等在那里。所以，回答问题要切中要点，简明扼要，不要漫无边际。大多数来听报告的人对你的演讲抱有一定的兴趣，对报告人也能以礼相待，不会提出难以回答的问题，当然偶尔也会提出一些的确很难回答的问题。在我所在学科组组织的国际学术研讨会上，有时会对报告人的一些数据的数值提问，也许是为了与自己的研究作对比，也许是为了将来的研究所用（作为一种积累），报告人热心为提问人提供具体的不涉秘密的数值是应该的。也有人会对报告人提供的曲线提出问题，这时通常会给报告人和听众带来共同的启发。这种提问值得欢迎。不要把难以回答的问题作意气用事的理解。不管你能否回答，对所有的提问都要一视同仁。对于难题，也不要打肿脸充胖子，而是要承认你所不知道的东西，如果有必要，你可以说自己是这个领域的新手，你的学科组里有人（例如学术带头人或者资深的研究人员）可以帮助他们。记住，克服难题所带来的困扰，这正是一种成功，科学研究中是这样，难题被带到学术交流中时也是一样，为此不能把听众中有人提出难回答的问题作为一种负担。同时要明白，提问并不总是“挑毛病”。

有一个现象值得说一说。在一些学术会议上，有时你会得到热烈的响应，不仅是你做完演讲有不少人希望提问题与你讨论，而且在会议中途休息时，也有人与你讨论，有时甚至是接连几个小时的质疑和提问，然而在另一些会议上，可能几乎没有人提问。这并不能反映出你的研究工作的质量好坏，也不应对你造成打击，在科技界这是很正常的，这种情况往往反映了会议的类型、与会者的兴趣以及当时的一些其他情况。

当然，也会有人提出一些带有攻击性的、毫无道理的或不合适的问题，你必须始终彬彬有礼，沉着冷静，虽然这不那么容易做到，但这时丢掉“口碑”的会是提问人而不是你。有时候在回答提问时由于深入到了细节或者拖延了时间，最好提议在演讲结束后再进行深入的讨论。对于年轻科研人员来说，这种情况很少见，而且任何一位好的主持人都会予以干涉。要在回答提问时多说“你的问题很重要”之类的话，不要说“这个问题太简单了”，后者让人想到傲慢。有时，提出来的问题其实在演讲中你已经讲得非常清楚了（提问者可能正好没听到或者离开了会场），这时不必强调你“的确已经说过”所提问题了，甚至暗示是提问者自己没有听清要点。合适的做法是，你要像事先没有涉及这一问题一样回答这个问题，这会赢得相当的尊重。在有人称赞你的报告时，只会报以微笑并不合适，你可以接着说“但是……”并指出一些实实在在的问题与困难。

还要记住，在提问结束时（以及此前的演讲结束时），要向大家致谢，并向主持人点头致意。

你一定记得你的第一次学术报告，这一般发生在你攻读博士学位期

间。初次演讲可能确实是一次昏头转向的体验，你的心跳得怦怦响，感觉你的腿像冻僵了一样，头脑一片空白。你用不着为此而担心。即使是富有经验的演讲者和知名的科学家，在演讲之前往往也会有一些紧张，这是很正常的。倒是相反的情况应该引起我们的警觉：如果一位演讲者连最轻微的紧张都没有，这样的演讲通常不一定好。

总的说起来，年轻的演讲者一般比较容易得到听众和主持人的同情，他们认为年轻人肯定会紧张，甚至会出现差错。主持人为大家介绍演讲人的简历并给出赞扬式的语言时，会极大地缓解演讲人的紧张，借此机会，演讲人最适合向大家讲的第一句话应该是感谢主持人的热情介绍。这又恰恰克服了“说出演讲的第一句话最为艰难”的情况。为此，要在做演讲前知道主持人是谁。如果可能的话，事先与主持人沟通一下，此时向主持人介绍自己，最容易给主持人留下深刻印象，同时又为今后与主持人的联系开了一个头。如果你是第一次演讲，要让主持人知道，他们会在主持中表现出对你的支持。

在做演讲时最令你产生紧张的，莫过于你在演讲前就知道某位著名的科学家可能就坐在台下。其实任何一位稍微特别的人物（比如你的一位挑剔的同事），都可能在此时让你紧张，毕竟，好的演讲会让你在科学共同体中留下好口碑，反之亦然，而这些人又最容易看出你演讲中的差错。你实际上应该做的，是和进行研究一样，抓住一切机会，参加专题研讨会，听听有经验者的演讲，尽量多地从资深同事那里汲取各种经验、好的方面，找出不足之处。买几本怎样做学术报告的书籍读一读，也是十分值得的。

在做演讲时，你确实忘了要说的内容，就稍作停顿吧，做一次深呼吸，然后继续下去。对于这样的停顿大多数人不会在意，他们完全能够理解。就是一位资深的科学家，在演讲时也免不了出现突然语塞的情况，常见他们说一句“对不起”，接着又开始演讲下去了。

在学术演讲中，良好的习惯（比如始终保持微笑，讲话时尽可能地面对听众，用眼睛与他们进行交流）和谦逊的态度是很重要的，尤其是对于缺乏经验的人来说。有时候你从计算机找出的并不是你要的 PowerPoint 新版本，有时投影出来的内容明显有误，这样的事很多；无论何时何地，演讲都有可能无法避免地出现差错或被打断：听众来迟了，主持人把你的题目介绍错了，投影仪坏了，计算机死机了……这时你得镇静。记住，听众会理解的。更不要为讲话时必要的短暂停顿和咽口水而感到不安。有时计算机出了问题，要准备在没有投影内容的情况下对演讲作简要的概括，这总比那些被数据“搅乱”的演讲更好！它会给人留下你很专业、很能控制局面的印象。

投影仪、幻灯机、电子文稿演示（PowerPoint）给你的演讲带来了革命性的变化，它们提供了意想不到的方便。但这些现代化设备也有无法应用的场合，或者这些设备的效果没有那么好。事实上，演讲效果的好坏在某种程度上取决于你的艺术才能。许多人会有体会，那些最好的演讲，不乏是在演讲者的移动磁盘丢失或者被遗忘或者打不开的情况下，使用黑板进行的。有时候，在设备无法应用的情况下，演讲者给听众分发了把 PowerPoint 内容直接打印到 A4 纸上的装订本。即使设备可用，这样做也非常有用，它会使那些人以后仍然记得你。有些人会跟你要电子版的 PowerPoint 内容，你应该尽量满足这种要求。

在你走向科学研究的成功之路时，各种学术会议是你时不时会接触到的事儿。你的课题组负责人会让你去参加这样的会议，你自己也会从不同渠道得到适合你参加的学术会议的通知。走入科学研究这一行的人们通常会慢慢地知道，出席学术会议并在会上发言是科研生涯的重要组成部分，它是一项需要耗费大量精力、时间和财力的活动。不过，你可以因此见到许多感兴趣的人，拜访同行的实验室，去一些令人激动的地方。不止如此，你还可以得到许多很好的反馈。1985 年我刚当教师的第 3 个年头，到厦门出席一次学术会议并在会上发了言，有一位年长我 10 岁的专家从我的发言中了解到我们的研究方向是一致的，和我谈了许多。后来，我们成为十分密切的科研合作伙伴。至今，我和他（虽已退休）仍然是十分密切的科研之友。建立科研关系网，学术会议是最重要的场合之一。

在科学界，为人所知和受人尊敬对于未来的成功都十分重要，在这方面，学术会议提供了一个很好的机会。我写过一篇文章，把这个因果关系称为“同行认可价值体系”（冯长根，科技队伍建设中的“同行认可价值体系”，人民日报，2003 年 5 月 9 日）。你的成功价值在这个体系中可以得到充分的展示。

我参加了许多学术会议，也组织了许多学术会议。人们参加各种类型的会议的确可以实现不同的目的。你最容易参加的是全国性的会议，这类会议对于你了解本国的科学家非常重要，你可能会因此见到你的经费申请的评审者、同行评论者、获奖的推荐专家。大型的国际会议有时有好几千名科学家参加，场面可能非常激动人心，但也会让你战战兢兢。出席这类会议，是见到某个领域中有独到见地的头面人物的最好方式之一。更多的时候，学术会议是你了解下一次科研申请研究方向的好地方。与这些造诣甚高的专家们相处几天，会让你从他们不经意的谈吐中得到闪亮的思想火花，甚至点拨了你几年的疑惑。

出席这种大型的年会或国际会议要有所选择——在有并行的分会场

时你不可能出席每个会议，因此要事先计划好会见什么人、如何安排时间、出席哪个单元（分会场）的会议。拿到会议的程序册（或会议指南）后要认真研究一下这些问题。大型会议的半上午或半下午都会有一次茶休或叫咖啡时间，有时是为了休息，也有时是为了转场（改变分会场的主题），这正是寻找你要找的人的好机会。但你也会发现，当你找到那人时，他已经和别的人在谈了。

清晰的代表证和好的眼力对于一眼就能找到你想与之交谈的人是十分重要的，而且出席他们的报告会也很有必要。你听了他的学术报告，就有了更多的与他一致的共同语言。对于你一直希望见面的著名科学家，由资深的同事或同样著名的学术带头人把你介绍给他们当然是最好的，但从实践上看这种情况不多见。更多的时候你身边并没有资深人士介绍你，尤其是当他们根本不知道你是谁的时候，哪怕只是走上前去自我介绍对你来说也是困难的。在听报告时，故意在提问时间里问一个合适的问题，也许是有利于休息时间向他做自我介绍的好办法。如果他们确实认识你的课题组学术带头人，而学术带头人并没有参加会议，那么你也许能以转达学术带头人的良好祝愿为理由与那个你想见的人会面，你可以设法叫住他们，并就他们的报告提出一两个问题，他们很有可能会腾出时间来回答你的问题，这种做法甚至能让他们在以后记得你。如果资深的科学家看上去态度粗暴或对你没有兴趣，不要气馁，他们很忙，可能心里正装着其他事情。这其实也不太常见，一般来说，科学家们是非常乐意与年轻人交谈的，他们乐于助人，待人友好。如果有机会能和知名科学家交谈自己的工作，不要轻易放弃，这对你来讲十分重要。同时在稍后的书信中（甚至附带上复印的论文）继续这个话题，或者在一封简短的电子邮件中表达见到他们的愉悦之情。不要期待有回

复，但假如你不是过于冒失的话，你的名字很有可能进入了他们的记忆。

最有价值的会议往往是一些小型的会议，也许最多只有100来个参加者，但内容会更加集中于你所感兴趣的领域。这些会议的安排看起来更周密，方便所有与会者的见面，也可以更近距离地交流，甚至用餐好像也在一起，为彼此间的交谈提供了更好的渠道。这类会议的讨论时间也会更多一些。

如果学术会议由你熟识的人组织或是在你的单位举行，那么，这更是你与参会者交流的好机会。要帮助忙碌的老科学家找到他们要去的地方，查找他们丢失的行李，甚至帮助预订宾馆，他们肯定能在以后记住你对他们的关心。

（原文发表于《科技导报》，略有修改）

讲座 60

接待和主持会议要表现出你是这个科学共同体中负责任的人

如果你把科学研究作为自己的终生职业，那么你就得学会接待和主持这一类事。接待与会者或者招待资深的演讲者以及主持大型会议，是大多数科学家在他们的科研生涯中必须面对的事情，这是因为他们和他们所在的科学共同体需要进行交流，尤其是演讲和会议这样的交流。我记得我在当博士生时就参与过接待参加在利兹大学化学院召开的英国皇家化学会年会的代表。作为已经进入科学大门的年轻科研人员，你会被要求去接待一些资深的演讲者，甚至在当地的学术会议上担任某些专题报告会的主持工作。

一两年后甚至更长的时间，你会想到要组织一场专题讨论会或者是一次科学家的来访活动。这需要事先考虑好许多问题。当然，要把活动

的学术信息（比如会议的主题、演讲的题目）告诉来宾。重要的是，要提前把来宾所需要的全部资料寄给他们，比如时间安排、听众的人数和组成以及住宿情况等。这些用电子邮件花不了多少时间。告诉他们旅途中可以获得一些帮助，问问他们是否有饮食方面的偏好，他们希望见到谁。要耐心等待他们的回答。他们可能直到最后动身之前才会给予答复——成功的科学家往往很忙，时间安排上比较混乱。最好是提前了解，看看他们有没有秘书，并且通过秘书安排好各项事宜，这样会使工作效率大大提高。一旦确认了出发和到达的详细资料以及离会时间，就可以开始制订计划，安排与听众的讨论，确定演讲地点，安排膳食，等等。当来宾到达后，要在第一时间把打印好的日程表交给来宾。如果来宾（特别是资深来宾）不止一位，那么应该给每一位来宾都准备一份定制的日程表。关注细节是重要的，但最重要的是要保证有好的听众参加专题讨论会，并有充分的讨论。邀请到了著名的科学家，却发现只有五六个听众，这是最难堪的事。组织工作最好在事先做好，这会增加你的工作量并花费许多精力，但这是值得的。不要临时以组织低年级学生（比如大学生）的方式来填充会场的空白，这样做同样会使演讲者感到难堪，特别是当学生们因为不投入注意力做各种小动作时，会严重影响你作为主持人的声誉。如果你真要这样做，最好事先征求来宾的意见，比如说你正在组织学生们的某个活动。在做报告之前，要请演讲者提供一些供你介绍之用的个人详细资料，要带他们看看会议室、视听设备的布置。当然，如有可能，还要检查一下备用的投影仪和激光指物器所需的电池。问问来宾，他们是否乐意回答问题——他们肯定是乐意的，但一定要礼貌地询问。你可能会被安排在演讲前以及（或）演讲后招待演讲者，邀请另外一两个人一同前往是个不错的主意。但要记住这时候你是主人，要招待好你的客人（来宾）。在绝大多数情况下，要保证为来宾报销各项合理费用。在活动结束以后，请记住发去一封感谢信。

现在谈一谈主持。在学术会议上主持一次预先组织好的专题报告会就不需要这么多的准备了，但是仍然涉及多方面的责任。会议前你最好找一找你主持时要发言的人是谁，让报告人为你写个小纸条，以便你保证能够正确地说出报告人的姓名、简历以及报告的题目。对于有多个作者的报告，你要知道由谁来发言。多数时候你主持的报告会有多个报告人，你要知道谁先谁后。主持人的另一个责任是事先要认真阅读内容摘要，当然还要仔细听他们的报告。在主持过程中随手记下一些可供公开讨论的问题是有益的，因为，如果听众中没有一个人提问，在这种情况下，首先提问的任务通常落在主持人肩上。有经验的主持人往往会提出一个恰当的话题，该话题使得报告人没时间说的话，有了进一步阐述的机会。

报告会的时间总是有限的。控制好时间可能是一个棘手的任务，这是主持人的职责，而你又不能对报告人无礼。明智的做法是，在会议一开始就明确说明每一次发言和讨论所占的时间，并且请求报告人遵守这一安排。

对报告人当然要有礼貌。你在会前向大家说了发言和讨论的时间，仍然会出现超时的情况，超出一两分钟通常是被允许的。如果你离讲台比较远，你可以走到报告人身边，示意希望他接受你的提示。给个小纸条也是可以的，要在上面提醒报告人发言已经超时了。如果有必要，问问他们是否可以概括性地讲，因为时间不够。这是超时不多的情况，比如才超时一两分钟。如果他们严重超时，这就使得主持人很为难，但是，有必要礼貌地这样说：“对不起，由于时间限制，我们只能很快继

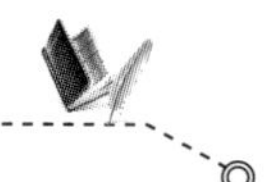

续下一个发言。”这样，报告人会意识到应该停住报告，当报告人稍有反应，表示你可以有礼貌地名正言顺地缩短讨论的时间。不管是否超时，一个报告结束之后，要感谢报告人，并且鼓励听众提问，此时主持人要尽量盯着整个听众席，看看谁举了手，或提出了什么问题。有时候，提问人说了许多话，或者问题听不清，主持人要简要地概括一下，使问题十分明确且能引起听众兴趣。提问时出现无休止的争论是可能的，这会占去大量时间，你可以建议会后再继续讨论。报告会总是以一个上午或一个下午为单元的，在一个单元的所有报告人发言结束后，要再次对他们表示感谢。报告会看起来并不复杂，但为了你的成功，作为主持人，专业化和充分的准备是应该具备的最重要的条件，这表明你是这个科学共同体的负责任的人。

（原文发表于《科技导报》，略有修改）

讲座61

不妨思考办一次专业会议

你不妨试着想一想诸如“办一次专业会议”这样的问题。如果你已经参加过几次本领域的专业会议，你也在会上做过报告，甚至还在一些场合主持了学术报告，那么你可以思考办一次专业会议。如果有若干个报告人，他们的报告时间需要两到三天才能安排完，这就构成了一次学术会议的重要方面。

会议的另一个要素是与会人，他们通常是同一个领域的同行专家，对你所邀请的报告人十分感兴趣。在绝大多数情况下，他们和报告人做着差不多相同的研究，他们愿意听报告人讲一讲报告人的收获和体会，他们愿意和报告人见面谈一谈。极有可能，他们在这种会议上互相邀请，或是为下一次专业会议做出安排，或是为一个共同的研究课题商量

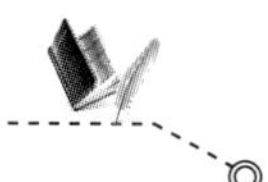

了合作框架。你若是组织这样的会议，你在这些方面其实会有自己没意识到的优先权。许多时候，组织专业会议会极大地提高你所在机构（比如系或者研究所）的学术声望。

你身边有几位助手或博士生是必要的，你忙不过来的事需要他们帮忙。你开始打一些电话或者发电子邮件，商量着找报告人、主持人，同时向同行们发出会议通知，邀请大家参加。这样的会议不必有复杂的仪式，因为会议参与人通常以“AA 制”付钱，解决会议室等费用，这就是所谓的会议注册费。即使这样，如果会议的内容选择不好，来参会的人就不会多。对科学共同体的情况有所了解的人，办起这样的会议来，就会得心应手。大概从 1987 年开始，我就参与了系里（现在是学院）组织召开的国际会议，到现在，我们在学院里差不多两年组织 4 个不同学科的国际学术会议。

对于成功的科学家来说，真正的进步在于获得国际上的认可。举办国际会议当然可以达到这样的目的——你不仅得到了交流，重要的是你在科学共同体中留了名。办国内的专业会议是办国际的专业会议的开始。如果你从事着令人感兴趣的课题，你又乐于与大家交流，又是办专业会议，又是办国际会议或者参与国际会议，到那时，你的名字将为领域内的每个人所知晓和尊敬，你的论文被广泛地阅读，你被许多邀请所淹没，不断有人请你去做重大的演讲和奠基性的报告。当然压力也不少，只是不同而已。基本的事你还要做，你仍然要写经费申请报告，仍然要获得资助，仍然要发表论文，仍然要指导学生和博士后，等等。只是这一切不像你刚跨入这个行业时那样了，事事都要在往返于各国（或国内）的旅途及大量其他事务中抽出空来完成。你要走向成功，就得适应这种情况。幸运的是，到了这个阶段，你会拥有人员结构良好的实验室，会有几个资深的博士后和技术专家，甚至有专门的技术支持人员，还有一套系统的方法对付繁杂的工作任务。事儿太多了，你肯定不可能全做，你将不得不在要做的事情中作出选择，你得学会礼貌地拒绝（也就是学会礼貌地说“不”）。成功是对生命的赞美，如果你确实获得了这样的成功，不要忘记你曾经作为一个勤奋的年轻科学家时的感受。想一想，当你所钦佩的人在你招贴的壁报前停下来与你交谈，或者在学术会议上你做完报告后赞赏你的报告时，这样的感觉对你是多么的重要。为此，你要记住的是，成功并不意味着你可以停止对他人表示友好。

（原文发表于《科技导报》，略有修改）

讲座 62

从办专业会议谈谈科学共同体

你是否有信心办学术会议，实际检验的是你在学术上的关系网情况如何。若是有许多同行或同事能来参加你发起的专业会议，当然说明你的学术关系网是不错的。如若你把会议又办得大家都得到收获，都感到满意，你的学术关系网将会得到加强和发展，你也会在圈子中留下好口碑。

在你作为一名博士生攻读学位时，你在许多方面实际上借助的是导师与同行们有形无形的网络。最终，这个网络可能还帮助你走进了专业的圈子里面（即就业）。现在，你要在各种场合重视与你的学术有关的各种相互关系以及网络（管道）。不仅你希望自己走向成功，你指导下的学生们肯定也希望导师能帮助他们走向成功，为此，“建立关系网”

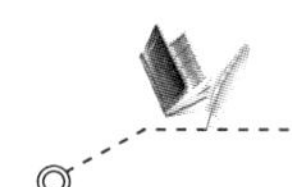

是你要注意的一个必不可少的视角（值得指出的是，不会在科研生涯中这样看的人不在少数），它的重要性在你的职业生涯的任何阶段都是不可低估的，随着你的科研工作不断深入，这种重要性会更加突出。

一提到“建立关系网”，你也许会因为“建立”两字所意味的大量工作和大量时间而犹豫不前。“有没有现成的关系网呢?”你会问。这样的关系网是有的，这就是平常所说的“科学共同体”。比如说，你的专业属于化学的范围，那么，“化学会”是一个现成的对从事化学研究的每个人来说都十分重要的“关系网”。若你在中国从事化学的专业工作，你应该加入“中国化学会”。你若是在别的专业或者学科，那么全国性的学会也是存在的，你了解和参加这些全国学会对你的科研生涯是很重要的。现在，有210个全国学会集合在中国科学技术协会（中国科协）的大旗下开展各类学术交流，中国科协是中国乃至世界上最大的科学共同体之一。你加入了中国化学会，你也就成了中国科协的一分子了。

前一次讲座我讲了你不妨试着办一次专业会议。如果你把要办专业会议的计划，通过向全国学会申请而实施，你不仅会在实际上借助学会的关系网络，而且你会得到全国学会秘书处专家们的许多经验，这会使你的会议在更广泛的意义上取得成功，也使得会议给予大家的收获更多。

科学共同体开展着许多学术活动，全国学会主办的学术期刊同时编织着全国一体的学术交流大动脉。你在不在这里面也很重要，这表明你不仅仅是学术论文的作者和学术会议的参加者，你也不仅仅是审稿人，你还是科学共同体的参与人（这才是本质），是科学技术学术殿堂的建设者和把门人。若你积极参加了全国学会的学术交流活动，会极大地推动你建立关系网。当你提交论文或向基金会提出经费申请时，当你接到本专业本课题方面的会议邀请时，当你需要建立合作关系和寻找推荐人与支持者时，这些都是在建立关系网。有些关系是你不用努力就存在的，比如你的老师们和与你同一个导师的同学们等，但仅仅局限在这个圈子里是不合适的，也是不正常的。虽然利用这个关系网络你会很方便，但你的公共攻关能力的逐渐丧失或得不到发展也是显而易见的，这就无助于你的成功了。建立关系网并不意味着要出卖自己的原则，也绝不意味着你必须请客送礼，这些做法或者类似的做法，实际上可能是有害的，你有充分的潜力得到成功，用不着出卖原则。但是，建立关系网确实意味着要花时间去了解国内外一些与你在同一研究领域中的人，尤其要通过出席会议并做报告来增进了解。对某个科学领域有相同兴趣的人，会自发地结成圈子或活跃在同一次会议上。你的真正价值也恰恰要通过这些场合上你所发表的论著来衡量。这里有“同行认可”“社团认可”两个重要的价值系统。（冯长根，科技队伍建设中的“同行认可价值体系”，人民日报，2003 年 5 月 9 日；冯长根，科技队伍建设中的“社团认可”价值体系，学习时报，2004 年 8 月 30 日）这两个系统能给予你更多的价值。优秀的演讲者，肯花时间帮助和支持另一位科学家或学生的人，或受人尊重的合作者，都会让每个人记住他。而那种接受了会议邀请但不参会或直到最后一分钟才开口发言的人，不能按时提交论文或经费申请的人，对达成的协议食言的人，更能让人记忆深刻。一次办砸的会议，5 年不一定能挽回口碑。成为众矢之的可能很容易——往往是在无意间或是莫名其妙之中，并且经常是不可挽回的。这种情况当然要尽量予以避免。为了一方面走向成功，另一方面也得到其中的幸福，应多交朋友，建立有效的合作，真诚、公正地对待每一个人。不要习惯性地说冰冷的话或者总是不分场合地说含有“拒绝”之意的话，不仅对同事不能这样，对学生们也不能这样，因为他们明天可能就是你的同行，不管他在什么地方就业。还要加入国际性的学会。加入了全国性的或国际性的学会就要时不时地参加他们的活动，这当然有助于你扩大知名度，建立合作关系。负责一些工作，比如担任学会或专门委员会秘书或社团的财务、会议的组织者，会获得尊重，但要认真，因为这些工作可能会占用你大量的时间。担任了学会的职务而从不参加活动，会让大家与你渐行渐远。应邀参加编辑委员会、社团活动，都要承担责任，也会有所回报，如果你做不到认真参与，可以婉言谢绝。

（原文发表于《科技导报》，略有修改）

讲座63

加入学会，投身科学共同体

我在讲座进行中不时地说到科学共同体，也有人喜欢叫学术圈，更时髦的会说科学俱乐部，你了解了什么叫科学共同体，那么，你现在该考虑加入一个你的专业的科学共同体。你需要在你的同行（认识的以及更多不认识的）中有机会展示成功的价值，你的专业有许多引起你的高度兴趣的发展趋势，这些事儿通常由你的专业学会承担或者通过他们而传播。我在英国利兹大学化学院攻博时加入了英国皇家化学会，成为学生会员，这是因为我在攻博中，研究越深，感受到的科学共同体对发展学术的影响力越大。我阅读的学术期刊是他们办的，我所引用的学术会议论文集也是他们出版的，我在图书馆中看到不少学术专著是学术团体编辑出版的。我接触到的受人尊敬的学术大师是学会的成员或领导。学

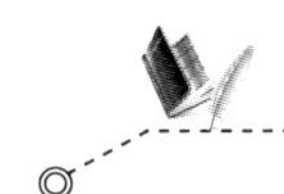

会在推动学科发展。当你处于这种氛围之中时，当你有这种体会时，你也一定想成为学术团体的一个成员。我就是这样成为学术团体的一个新成员的，我的眼界由此得到了拓展，我感到走上了通向成功之路，回国以后我参加了多个学术团体。

成为学术团体的会员，表明你希望承担一种社会责任。这些团体通常会有紧密结合你的专业发展的学术活动，最大量的是学术会议，有时会有一些著名学者的讲座。作为会员的责任之一是要积极参与学术交流活动。还有一种不显眼的但也沉甸甸的责任，这就是为学会举办的期刊审稿。这种活动虽然不是人与人之间面对面的活动，除非你自己说了，否则没人知道你在为学会工作，但也会影响到你的同行们对你的社会责任的评价。简单地把审稿结论写成“可以发表”或“不宜发表”是不合适的做法，大大有违于你作为专家的声望，建议你不要如此简单地审稿。写出你对被评论文的专业审视，是大家的期望。

许多专家在参加学术交流活动时，随着时间的推移而成为学术活动的“主人”，比如成为积极的操办人，有声望的主持人，他们在会议上的影响力一年比一年大，最后，他们成为学术团体的领导人之一。这的确是一条黄金规律。学术交流其实就是学者和专家的学术生命形式之一。真正的科学家总是对学术会议和学术期刊有一种激情，他们积极参加会议，而且不少人总是坐在会场前面，总是与演讲者做深入的交流，当他们做演讲时，你从他们的身影的的确确会看到科学的荣誉、成功的价值。最终他们大多成为这个专业的领军人物。这样的成功之路往往起源于有学术会议他就报名——他是科学共同体的成员，也是科学共同体活动的热情参与人。而这样的事离你并不遥远，因为你是有条件成为这样的人的。

的确，当你脱颖而出时，你总是在同事们、同行们的认可下得到这种附加价值（荣誉）的。我们把此称为“同行认可价值体系”，这个体系融化在学术会议和学术期刊之中。许多学术团体还对自己专业的同行们颁发专业领域的各种奖，我们又把此称为“社团认可价值体系”。你作为一个学会的会员，被会员们推举为理事、常务理事等，这也属于“社团认可价值体系”。由此，你担任了学会的一个职务，就要全心全意地干好，不这样，你会在“同行认可价值体系”中丢失你本来想得到的价值。口碑是你无法摆脱的，而这有正有负。

你加入学术团体，你离“同行认可价值体系”和“社团认可价值体系”就近多了（你甚至有可能成为这两个体系的“运营人”）。要加入学术团队不难，中国科协的 210 个下属学术团体向大家开放，欢迎大家加入。这些学会办了 900 多种各类学术刊物，其中不乏产生极大影响的学报。这些学会也举办丰富多彩的学术活动，在中国科协和各全国学会的网页上你可以找到这些活动，以及如何参加的办法。许多学会也有自己的网页，你不妨上网看一看。也许，你只花了几分钟或十几分钟，但给你的学术生涯却带来了你意想不到的变化。

（原文发表于《科技导报》，略有修改）

讲座64

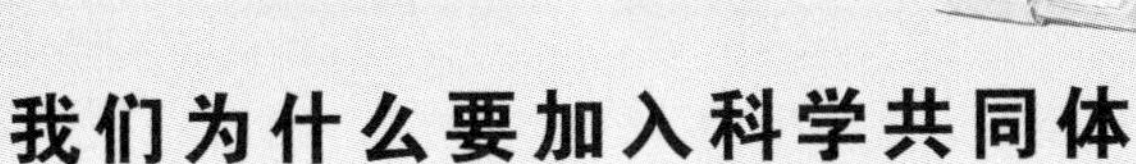

我们为什么要加入科学共同体

我对科学共同体的最初认识的确产生于我攻读博士学位期间。看起来专业或学科的发展与专业学会有着紧密的关系，这就是我最初的认识。有很长一段时间，我的博士课题研究总是伴随着隐隐约约但又十分丰富的学会活动，这些活动当时我虽然并不清楚，但对我产生了强烈的吸引力，尽管这些活动只是“躲”在学术文献、专业著作、学术会议论文集，有时候是广播电视和报纸新闻之中。博士论文答辩以后，我回到国内，在学校工作了，不久我真的加入了一个专业学会。也许你加入专业学会的时间与方式会有所不同，但我建议你不管是早是晚应该加入一个专业学会。总的说起来，加入学术社团不应该是因为看到自己所在专业里的同事加入了，所以自己也就加入了。若要取得科研生涯的成功，

仅仅有这种想法远远不够。

当你参加几次学会的活动以后，你一定会了解到，“学会”这座无形的“大厦”中，最基本的“结构件”中有这两件必不可少的事：一是举办各种学术交流活动，二是编辑出版学报等学术出版物。科学共同体的运营中，最重要的实际上也就是这两件事。前者还有不同的“流向”，今天的交流有三类：一是科学家与科学家之间的交流，二是科学家与公众之间的交流，三是科学家与政府机构之间的交流。你可能对第一种交流最感兴趣，但你也极有可能在从事后两种交流。对于许多专家学者，后两种交流给他带来的成功，不会少于第一种。你可以问一下那些老资格的研究人员，看看他们有着怎样的经验。

你加入学会，参加学会的各类活动，虽然你只看到你参加学术活动注册费会因为你有会员资格而减免了一部分，你订阅学会的学报也因此而得到优惠，你在投稿时也当然因此得到版面费上的优惠，这当然很不错，但是你若想一想，学会是谁在运作呢？——这个问题才是真正打开科学共同体神圣大门的钥匙之一。对此你发现其实也很简单：所有的学会，都是由那些不同层次上已经得到成功的，或者说一流的专家在运作，是学会的民主运作规则（通常按照学会章程）选举出来的专家们，决定着学术交流活动的各方面事情，决定文章内容（在论坛上）或论文是否可以发表（在学报上）等。加入了一个专业学会，参加了学术交流活动，你实际上走进了一个由成功人士和一流专家组成的专业圈子，这对你是十分重要的，因为你也想成功，他们的今天就是你的明天。你要熟悉他们的今天，就要与成功人士和一流专家交往，他们才是学科和学术发展的重要“运营人”，这方面，许多事仅仅靠上网是不够的。

一边是你选择了把科学技术研究作为自己的终生职业，另一边是科学共同体几乎年年月月在交流（学术交流活动上）或发表（学术期刊上）最新的研究成果，而这又恰恰是你“春种夏收”的东西，你为此加入一个学会并不复杂。对于中国科协系统的大多数学会，目前你已经可以通过上网办理入会手续。这个系统叫作“中国科协所属全国学会个人会员管理系统”，系统生成的一个个人会员号码显示了你在科学共同体中的成员身份。此时，重要的是要参与，积极参与学会活动，最后使你成为学会的运作人之一。加入学会而不参加学会组织的活动是令人不愉快的，更不用说参与“运作”。电影的普及使人们得到了现代科技带来的艺术和美学享受，但观看电影的模式对于参加学会以及在科学技术研究上追求突破和成功的人来说是不合适的——电影院里你只要观摩电影故事的进展即可，大可不必了解你身旁同看电影的都是谁。你在科学技术研究上不能这样做，先不说你极难成功（因为你不可能了解到科技发展趋势及前沿），最有可能的是你越来越封闭，越来越不会与人交往、与人共事。与此同理，你加入了学会，共同参与学会发展才是你应该做的。

在整体上参与科技的进步，了解同行们在做什么对于成功者来说是很重要的。你眼前的课题或项目往往就是一个更大项目的一部分，你通过学术活动了解你科研的全貌以及其他成员的工作就是十分应该的。你对大项目和同行们工作的了解若是全面准确的，你对自己那部分研究（子项目、课题、方向）的考虑就会变得容易起来，为此，你在科学共同体中的话语权就会变得更为有力。最终，你会发现，学会的话语权往往极易归属于那些经常活跃在学会活动（学术交流、学术期刊）中的热情人士，因为他们通过长年累月的参与得到了人们的尊重，科学技术上

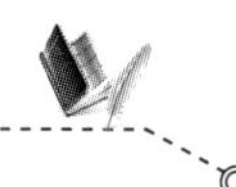

一鸣惊人的研究成果，实际上来自对学术活动、学术研究及交流的日积月累之中，来自许多优秀人士在科学共同体中对同一研究的大协作和大交流之中。

（原文发表于《科技导报》，略有修改）

讲座65

重要的是要学会理性思考

你时刻不会忘记的，当然是你正在进行的科学研究工作。到今天对于如何进行成功的科学研究你已经不陌生了。值得你记住的是，一个成功的研究者必须自己独立研究，决不要让你指导的学生成为你进行科研的“替身”。如此而行，你很难避开“江郎才尽”的结局。学生和你的“科研细节”要分开，即使是同一个不可分割的课题。

你肯定要指导研究性学生，或者硕士生，或者博士生。在这里，难的是如何在事无巨细的“专制”指导和“放手”让学生自己去做之间找到平衡点。大家往往有一个体会：要想知道哪些是你应该教给学生的，哪些是应该让他们自己去发掘的，并在两者之间找到合适的平衡点绝非易事。

你还有一个崇高的工作是为经济、社会服务，特别是为你的机构所在地的经济、社会服务。虽然科学家所受的训练和职业是做科研，不是在电视上接受采访，也不是向学校的孩子们发表演讲，但那些在百忙中抽空与非科学领域中的人进行沟通的科学家，通常会觉得开展这样的活动也有相当多的回报，并且会惊讶地发现，他们的努力受到了公众极大的赞赏。相当多的科学家的建议，经由政府，变成了经济发展的措施和建设计划。

更为可喜的是你不仅发表了更多的学术论文（来自你所承担的科学研究），而且你的专利也被批准了；你出版了第一部专著；你最近申报的新项目立项了，经费得以批准；你被邀请到学术机构做报告、合作搞课题；你申报的奖也被批准了；你正在筹办一次专业会议，计划到国际或国内的同行那里做访问；你甚至正考虑成立一个实验室、筹办一个学术团体分支机构以开展更多活动。总之，你个人的发展也显示出可持续的特点。这当然可喜，但也并非人人如此。

那么，究竟怎样才能走向成功呢？让我们听一个故事：

有三个人要过一条大河。本来这条河并不深，蹚过去就可以了。就在他们到达河边的时候，河水猛涨，波涛汹涌。这时候，第一个人说：“上帝啊，请给我力量，让我到达对岸。”于是上帝使他成为力大无比的壮汉。他毫不犹豫地跳入急流，在河水中几次几乎被吞没，经过千难万险到达了对岸。第二个人看到这种情况就说：“上帝啊，请给我力量和工具，让我到达对岸。”于是上帝使他成为力大无比的壮汉，又给了一条小船和桨。他同样毫不犹豫地进入急流，小船在河中几次眼看就要被打翻了，但最后他战胜了重重艰难，也到达了对岸。第三个人于是说：“上帝啊，请给我力量、工具和智慧，让我到达对岸。”于是，上帝把他

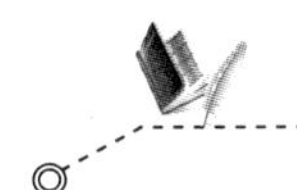

变成了一位女生。女生从挎包中拿出一张地图，她根据地图的指示，往前转了个弯，走了200多米，有一座桥，她从桥上过去了。

值得说明的是，故事中的三个人都得到了成功，那么，你愿意像谁那样获得成功呢？换句话说，在力量、工具和智慧这三个因素中，你掌握了哪些呢？首先，虽然并非所有学科都是“惊涛骇浪”，但“激情燃烧”往往是科学上成功人们的特点。这属于故事中的“力量”层次。其次，你要有对专业和学科的熟悉与熟练的经验（“力量”和“工具”）。但最重要的是第三个因素，在走向成功的时候，重要的是要学会理性思考，这才是通向成功的最宽广的“桥梁”。

（原文发表于《科技导报》，略有修改）

讲座66

指导研究生是一件十分有益的工作

在你还是一名研究生时，你一定会对你的导师产生一种羡慕的感觉，这种感觉来自这种思想，即在高等教育领域，指导研究生是一件让人十分有成就感的事情。的确如此。如果你是一位导师，你看到一个年轻人能够独立搞科研了，他承担着一项课题，认真记录结果，在学术会议上陈述自己的新发现，并看到了他的第一篇论文公开发表，你肯定会有一种幸福感油然而生。指导一位新的学者进入你所在的研究领域是一项极为有益的工作。培养研究生的另一个重要意义在于你的研究结果就会有人传承下去了。

当你成为研究生导师后，应该承担什么样的责任？做什么样的准备？我在1990—1991年期间被批准作为博导时，和大家差不多，想得比较多

的是：我可以带好博士生，因为我已经完成过自己的博士论文。然而现在看来，这是不够的，重要的是指导思想的准备。

值得指出的是，在指导研究生的事情上，表面的荣誉会同时带来在指导和管理研究生时的巨大压力——你得保证研究生在攻读学位时的成功，因为博士生、硕士生的人数常常被看作学院和整个大学取得成就的标志。事情往往是这样的：当一位研究生毕业时，这不仅意味着他（她）的自身成就，他（她）的导师也分享成功的喜悦，并体会到作为指导者的那种自豪。至今，看到学生毕业时的合影，我的心情总是不平静的、喜悦的。

一种情况是，当研究生新生开始跟着你攻读学位时，他的所作所为远非你想象中的研究生规定动作。他（她）可能像旧时的时钟（自鸣钟）那样，你不拨他不动，看起来他并不知道要干什么；也可能，在你上班忙碌了一两个小时后，他才到了实验室。看起来，要顺利完成指导研究生的任务太难了。“我总不能替他做论文吧！”你会说。也许，你碰到的并没有这样极端，但类似的问题或其他问题在院系中已经相当普遍，国内也好，国外也好，都不例外。

应该说，在对高学历学生的指导中，出现各种问题是普遍存在的。正因为如此，成功的指导能给人极大的满足感。从这些年指导研究生的实践来看，研究生导师最迫切的责任和准备，也是最难的一件事，是在“导师帮着做”和“让研究生自己做”之间如何掌握好分寸。一般来说，如果导师从一开始就立场坚定地指导学生并给出一些约定（纪律等），学生就会相对服从并愿意接受你的建议和指导。接下来的日子里，你是准备采用事无巨细地命令式地指导呢？还是放手让学生自己去做？英国教育界人士研究发现，许多人对此感到棘手，有一些人坦陈自己不善于

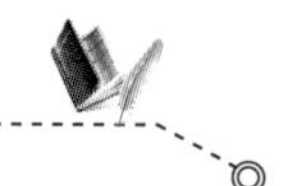

掌握这种微妙的平衡，他们认为，“要想知道哪些是你应该教给学生的，哪些是应该让他们自己去发掘的，并在两者之间找到合适的平衡点绝非易事。”

需要协作进行的研究也会有类似的平衡问题。比如，对于成绩稍差的学生应该给予多少帮助？对于成绩优异的学生应该给予多少指导？

平衡问题其实就是辩证问题。重要的一点是，一位成功的研究者一定是有独立研究能力的。如果不影响科研进展，我倾向于多培养研究生独立工作的能力。我的一个经验是，导师对课题越有把握，越有信心，就越是会放手让研究生单独干。但在不同专业，对不同的学生，你掌握的分寸应有不同，这样，当你放手让研究生干的时候，他是一定能把研究进行下去并顺利完成的。因为这样做了，在我和我学科组指导的研究生中，绝大多数具有导师期盼的独立研究能力。

（原文发表于《科技导报》，略有修改）

讲座67

当好一名合适的研究生

为了说好今天的题目，我讲讲博士生导师选择学生的故事。

作为博士生导师，你遇到的第一个问题当然是如何挑选学生。有一些同学在你的名下报名考博，甚至有胆大的同学写信要求你答应收他（否则他就报考另外的博导了）。前者要求你从几个候选人中挑选你要的博士生，后者显得急迫和功利但也可以理解，只是如何回答这种询问的确令人犯难。

作为一名博导当然希望收下那些能走向成功的学生。收下一名合适的博士生是令人感到十分幸福的事，学校里将会留下一份优秀的博士论文，导师可以有三四年称心如意的师生关系、一位初级同事，甚至终生的科研伙伴。的确，我自己总是把博士生当作同事介绍给同行，从来不把博士生当作学生。如果你收下的学生正好与此相反，比如他不听从你的指导、不会开展工作、不收集数据并撰写和提交论文，那会使导师感到十分沮丧。谁都不会否认，把三四年中所要付出的时间、智力、情感以及其他努力，给予一位没有希望的人是悲惨的。

问题的难点在于大家都知道的常识——一个苹果甜不甜，只有吃了才能知晓。挑好博士生也是此理。所以，博士研究生前一位导师（硕士生导师）的介绍是十分重要的。当然，如果是自己带的硕士生，这也不难。对于一般情况，我自己坚信这样的信念：每一位博士生，只要他有硕士生的基础，就可以在与导师一起的努力中走向成功。即使是稍差的学生，也应有信心带好他。我跟我身边的人说，我对待博士考生的思想是“有教无类”。在从事博士生导师工作的 20 年中，我总是想尽办法让每一位被录取的博士生都带着成功的喜悦走出校门。但的确有例外，有一次我收下了一位大家都不赞成收下的博士生，一年半后，我果然就又想尽办法将其辞退了。我的确理解为什么许多博导说，“不是优秀的学生我决不带”。但这也带来另一个问题：有时你好几年没有看中的学生。

一位是才华横溢、什么都得第一的学生，另一位是稍有差别但聪明的学生，你会挑选哪一位？应该指出的是，前者不一定是最好的研究者。我们可以注意到这样的现象，一些在本科生、硕士生阶段数一数二的学生，并不一定能够顺利地通过三四年的博士生艰苦的学习阶段。实际上，博士生的学习是份苦差事。有一些学生在博士生学习期间着手解决婚姻、生孩子、买房子、养父母的事，使这种现象雪上加霜。许多事例告诉我们，博士生与导师的关系实际上在不断地变化之中，导师在这之中主动掌控这种变化的努力是值得提倡的。博士生学习的三四年中，导师都应该有针对不同情况的准备。

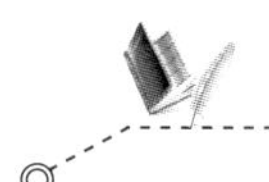

有一位博导只挑选那些合群的人做自己的学生，另一位博导则只寻找能够快速融入他的研究团队和实验室的学生。这两种情况哪一种更好？答案是都可以。你重点思考这样的区别也是值得的——“对于挑选者来说，最重要的就是仔细思考他们系需要招收的研究生所需要的能力和技能，然后将其与他们可以在研究阶段学习的能力区别开来。”你在面试时，有的询问可能就是为了这种信息。在更仔细的情况下，有的博导会让学生当面亲手做实验。你明确地询问这些学生的推荐人或硕士生导师，问问学生掌握实验技巧的情况，也是常用的挑选方法。你在面试时，注意区别不同的人对科学研究的热情和主动性，是有助于你挑选学生的。“要获得研究生学位，一个人需要对所学学科充满激情，要有推动本学科知识发展的愿望，而且要能够持之以恒。”仔细审阅学生的简历，从中找到候选者能够自主工作的证据。候选博士生通常已经完成了一篇硕士学位论文，你不妨问一问他对这个项目到底喜欢到什么程度，他对接受该项目并完成项目的叙述，会告诉你许多他对于科学研究各方面态度的信息。对于在若干个候选人中挑选一两个博士生，你实际上是在平衡不同候选人之间的长处和短处，对于同一位博士生，你实际上是在平衡该申请人的长处和短处。

谁都希望挑选上优秀的博士生。对于博导来说，重要的是在平时，例如当你开办讲座时（在学生面前），你是否表现了对你研究领域的前沿的巨大激情？你有激情，报名的学生肯定会有激情。

——好吧，你知道了多数博导的一般故事，如果你是一位研究生，你会是他们合适的候选人吗？

（原文发表于《科技导报》，略有修改）

讲座68

如何帮助学生尽快适应研究生角色

博士生、硕士生被录取后，如何尽快适应自己的角色？看起来责任在新生一方。“你都被录取了，你应该知道怎么当好硕士生博士生”，这种想法其实并不科学。学生们并不会自然而然知道如何处理遇到的困惑，新生需要指导，导师在这方面的作为是十分重要的。因此下面的讲座，看起来是对导师说的，当然，从这些话中，新生也可以知道自己怎么办，哪些要主动，哪些要避开。

当你录取了硕士生、博士生后，并非每个人都意识到了被录取对他们来说意味着什么，学生们可能还不知道硕士生特别是博士生到底是个什么概念。学生们在一开始总会感觉到迷茫和孤独。他们坐在导师分配给她/他的课桌前，望着空空的文件柜子，无所适从。一想到需要做很多

实验，才能满足博士论文硕士论文的要求，他们的脑子里便会出现一片空白。做什么？怎样做？要做多少个实验啊？也许你并没有意识到，对于一个刚刚成为博士生、硕士生的学生来说，这种新的状态是多么可怕。

这时候最需要导师做的，是尽快与你的学生建立起一种良好的工作关系。导师必须确保学生在学术上走上正轨，找到他们在学院中的位置，并调整自己的状态。

比如说，对于博士新生，有些学生知道攻博需要完成一篇长长的博士论文，但不一定知道论文应该有多长，有的甚至并不清楚博士论文是长长的，在 100 多个页码以上，只以为就是 3 到 4 篇 5 到 6 页的学报论文。从这个情况看，导师一开始就让学生了解博士生的一些基础知识是有益的，比如博士论文的长度、结构和功能。然而，此时你和学生之间最需要的，是安排时间共同探讨双方合作的最佳方式。这样做绝不是浪费时间，经验告诉我们，师生间良好的工作关系需要经营和讨论，因为在大多数情况下，师生间的问题总可以归纳为彼此没有弄清这种关系的期望值，花点时间讨论，双方达成一致，或者同意保留不一致的地方，总是可以避免冲突和误会的。

要和学生讨论如何各自工作和如何合作，向学生解释你希望如何与他合作，并询问他是否适应这种方式。若他不太合作，要找出原因并达成妥协。有些事是如此琐碎，但它们会极大地毁掉良好的师生关系。一是，找个一天中最合适的会面时间。早上好？下午好？你可以问问学生，以便了解学生的想法。二是，安排会面次数。最初新生需要每周和导师会面一次，哪怕是一次简短的会面，因为新生很容易迷失方向。至于是会面、通电话、发短信、电子邮件还是用微信，究竟用哪一种方法，决定起来的确烦人，但是如果你不向学生解释并制定一些规则的

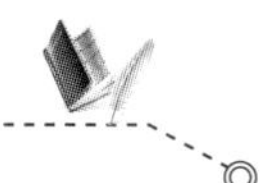

话，学生便无法知道如何安排与你会面。三是，安排一段时间的日程。制订这样一个指导计划是个好主意，当然前提是双方达成共识。四是，要有确认和取消机制。对于导师来说，一个“不露面”的学生绝对是让人抓狂的，对于学生来说，“消失”的导师是令人讨厌的。这就需要一个较好的会面取消机制。简单说来，无非是要多提醒和确认。五是，让学生知道导师的工作安排。你的年度、学期、星期工作周期是什么样的呢？什么时候你有时间把注意力集中在学生身上呢？你不说，学生是无法知道的。

怎样试着交流师生相互之间的期望有哪些，值得你高度重视。试着尽可能清楚地告诉你的学生你希望能为他（她）提供的帮助：对学习和研究方法的指导，对如何挑选参考书的忠告，理论观点、计算机知识方面的指导，合作单位（非本校试验场地）实地考察，甚至出国实地考察，排除设备的故障，一些特别的小技巧，当他们找工作时为他们写份好的推荐信，或者一起喝杯茶表达一下对他们的同情和理解。如果可能的话，也尽量告诉他们你所不能或者以后不会提供的东西，比如如果你的计算机技能十分有限，告诉你的学生这一点。如果你对某一方面的专业情况不太熟悉，你的学生也需要知道他们应从你的哪位同事那里获得帮助，以此作为补偿。

清楚地表明对学生写作能力方面的期望是尤为重要的。你可以清楚地告诉学生什么时候应该完成论文，什么时候你能批改好还给他们。导师总是希望学生能够做出一些可以发表的实验结果，因此，在一开始双方就商量好学生发表文章的一系列事宜，比如谁的名字放在最前面等，是十分有用的。

总之，你越清楚自己的期望，你和学生的关系就会越好。如果你保

留着自己做导师时的工作记录的话，就表明你对自己的工作期望值很高并希望继续从事这一工作。这些经验值得记，因为你每年会接收新的博士生、硕士生。你知道，新生在一开始的几周里都会不知所措，所以导师就有责任给他们提供最初的指导，布置一些任务，安排一些活动。如此，不仅学生，导师的自信心也会越来越高。

（原文发表于《科技导报》，略有修改）

讲座69

研究生选择课题应该注意什么

导师也好，研究生也好，在商量课题时，需要加以注意的有6点，即兴趣、时间安排、论文长短、可行性、研究方法和理论观点。

为了完成一篇学位论文，就需要有很强的动力。老师或者研究生在决定课题时，问一问“会喜欢研究这个课题吗”是有益的。最合适的课题是能够激发学生与导师想象力的课题，无论这是老师布置给学生的，还是学生自己选择的。一位有经验的导师通常会详细地询问学生的兴趣，考察课题是否合乎他们的兴趣。对学生来说，兴趣当然是自己的事，是自己的责任。有时导师会要求学生自己评估一下他们对课题的投入程度。如果课题就是导师承担的项目，这时候要让研究生通过准备课题和投入研究，产生好奇心和自信心，激发兴趣。导师的责任不可疏

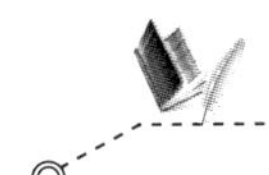

忽，导师应注意不要把自己的兴趣与学生的兴趣混在一起。导师不能用自己的偏好来指导学生，也不能因为自己对某一研究任务不感兴趣而对学生泼冷水。

导师在时间安排上总是比学生有经验得多，所以研究生要记住多与导师沟通。通常，导师根据经验结合学校规定的那些有时间要求的关节点，比如对开题、交论文、答辩的要求，让学生考虑类似以下的问题：研究（实验）什么时候必须完成？学位论文什么时候必须写完？交论文最早和最晚的日期是哪天？等等。关于在学术期刊上发表论文，导师在掌握时间点上也是很有经验的——导师是已经成功的专家。研究生当然应该对时间节点有足够的重视。虽然不多见，有的导师会故意拿出包含不少错误的“时间表”，让学生讨论，以此训练学生如何合理地规划自己的时间。据此，学生们会得到一份他自己精心规划的、现实可行的时间表（计划表）。值得注意的是，这张表也会随着课题研究的开展进行调整。

大家都有经验，当研究生开始激情燃烧时，往往会自己使研究课题要完成的任务越加越多。导师有责任阻止学生进行任务过多的研究，研究生对此也要理解，一则，博士生也好，硕士生也好，在校时间都是有限的，二则，学校对论文的长短是有规定的。课题规模过于宏大，会导致学生采集（或从实验得到）比实际需要多得多的数据。在科学研究中，不是数据越多越好，有经验的导师知道学位论文的字数要求是如何与研究和实验的规模相联系的。研究生与导师一起获得这个能力很重要，导师有责任帮助学生选择一个合适的研究规模，以便使学生能将研究成果写成符合字数要求的论文。研究生在这个过程中也会学到掌握时间与进展的许多第一手经验。

可行性也是一个需要考虑的问题。研究生作为一名科研生手，容易认识不到操作或者环境（条件、政策）可行性牵涉到的一系列问题。导师可以让学生尽可能地把与课题研究有关的操作性问题想得翔实和周到一些，例如符合要求的做样品的原材料有地方买吗？分析样品性能的相关仪器设备是不是已经具备？有特殊要求而又不能忽略的性能测试设备本校没有，本地其他单位是否有并可以用一用？做功能实验的试验装置能到时建起来吗？在某些理工科专业，例如化学、安全工程等，有一些研究因为要用到易燃易爆有毒的试剂（即使很微小的量）会涉及实验室安全，就不能不考虑政策可行性（是否允许，剂量是否有规定）问题。这些需要导师提醒并且与学生一起考虑好。研究生也要主动关心这方面的问题。还会有一些实验需要政府相关部门批准，研究生和导师需要清楚这些手续是否完备。

掌握一定的研究方法，才能完成具备质量的学位论文。这些研究方法，博士生、硕士生们会在本科、硕士以及博士生必修课程中有一定的涉及，一些新的或者专门的（更为复杂的）研究方法也会在实验室中着重强调或代代相传，涉及的设备倒是有可能不断更新了。学生们不但要积极使用这些方法，重要的是要相信这些方法得到的结论。为此，除了学生们要掌握这些方法，导师应该要求学生就他们的论文使用的数据收集方法和数据分析方法，特别注意以下几点：他们是否相信？他们是否能够使用，或者能够学会使用哪些方法？在理工农医领域，研究生们遇到的研究方法通常是被相关研究人员共同默认的，除非你的任务就是研究出一种新的方法。学生们遇到的问题主要还是可行性方面的：能否在实验室操作所选择的技术？如果要学习新的技术，应该找谁？导师的职责就在于保证学生掌握这些技术或者得到相应的培训。但培训以及导师的知识都是有限的，在实验室里，博士后会起到传授技术给新生的作用，研究组同事或年长的学者也能提供学生所需的信息。

在理工农医学位课题中，把研究结果与理论成果相联系是十分重要的。许多优秀的导师会在一开始就要求学生从实践性课题中抽象或概括出理性的结果来，或者提出理论来。导师要注意让学生愿意接受自己的理论观点，在学术上坚持它，并通过学习不断地发展它。课题一开始就有一个理论观点是重要的，还要尽量避免在学位论文进行之中调整理论观点（这样的话，论文就要重写）。一般说，学生与导师之间的合作关系是建立在彼此观点相似的基础上的，但这样一来也会妨碍学生批判性地考查基本的前提假设。学生的批判态度应该得到导师的鼓励。学生们在接受某一理论后，应该仍想了解其他观点，特别是对立的观点。为了使学生具有客观精神，导师应该“无情地”质疑学生的理论，尽管这个角色有时会被学生误解。

（原文发表于《科技导报》，略有修改）

讲座70

如何合理设计与规划研究课题

多数博士生在确定他要研究什么（大任务）以后，急于直截了当就投入工作，完成任务，这期间还包括绝大部分博士生会等待老师布置他具体干什么（小任务），十分听话，一是一，二是二。作为指导教师，此时最紧迫的任务是把研究生从这种绝对不会有主观能动性方面收获的心理状态中拉出来。研究生要有超前思考能力，特别是在这个时候。这方面的主观能动性，会使自己后续的研究大大受益。我本人在做博士课题时，常常要问自己我在做的研究（推导、验证、做样品、测量、讨论等）将来能不能写入博士论文，也常常遐想“博士论文里头的研究究竟是什么样子的呢?”。作为导师，一是要让研究生计划好学位论文成形后的基本框架。我采用的办法有两个：第一个办法是让研究生了解以前毕业的研究生写的学位论文是采用什么样的框架，但要挑选优秀的范本（我在英国利兹大学当博士生时也就是这样做的）；第二个办法是导师把自己逐年积累的学位论文文本写作方面的要求系统地整理成文，让研究生了解和执行。我从1990年开始这样做的，此文后来在科学出版社出版了（冯长根，怎样撰写博士论文，科学出版社，2015），其中讲到学位论文特别是博士论文的大致框架以及许多有关学位论文的一般要求，学校另有规定的，你再根据学校的要求做修正。

二是要让研究生抓紧时间拟订一张时间表，它可能是粗略的，但没关系，重要的是研究生要向导师提交研究设计、论文计划和工作时间表，三者是互相不可替代的，不要允许研究生在一张纸上写上3个标题，然后摘要似的写上一段话就交给你。有些学校对此有详细规定，并称为培养表。但培养表的形式有时给研究生的感受是，“这表我已经交了，事儿完成了”，有些人再也想不起来要按照自己定下的进度做研究。在这个时候，导师最好要用规范的思路评价一下研究生从这3个表中表露的实际思想，并进行适当修订。我在前文谈到时间安排时，也讲到了类似的要求。实际上，在学位课题研究的全过程之中，情况会有变化，导师与研究生定期地讨论计划和时间表是非常有益的。

研究设计在不同专业会有不同的面目，研究的对象不同，研究设计就会天差地远十分不同，本文不再展开讨论。最有益的做法是研究生了解此前类似课题的博士论文“长得怎么样”，了解研究设计的面貌。偶尔会发生“好样子传不开、坏样子到处传”的情况，为此导师要指定一些值得推荐的学位论文。有一点对导师来说是十分重要的，那就是导师应该牢记研究生缺乏经验，不管他们有多优秀，他们不一定知道该如何进行导师的学科领域的研究。想一想，正是因为他们正在学习如何进行

设计和开展研究工作，所以他们需要导师的及时指导。比如，要注意分析研究生是否把“大任务”分解成了合适和合理的“小任务”了。一些优秀的导师非常关心对研究生“治学”“做人”方面的指导。的确如此，思想道德方面的急剧进步会使研究生燃起专业进步的激情之火，但显然也不应理解为可以替代他们研究设计方面的能力。对博士生需要“红”“专”两个方面的指导，现在“专”的指导力度不够。

导师可以让研究生尝试将自我批评的方法用于研究设计，这样可以让研究生看到每一种方法的局限性。对某些研究生，仅仅说“研究计划的设计要考虑深度和广度”并不合适，这些字眼太大，不具体，起不到开启研究生思路的作用，特别是对那些新进入这个专业的研究生。经常向研究生询问“大任务”的进展，不如询问各个“小任务”的进展。

在计划阶段，还有一个情况值得说一说。在越来越多的情况下，导师需要告诫研究生，项目的时间会拖得很长，研究生有必要对决策和方案设计的过程做一个记录。如果进行的是实验室研究，导师要督促研究生用实验室记录本记录一切原始数据，以便核查。这样做也有利于推进课题研究。无论什么专业，导师让研究生在每个阶段（比如一个学期末）写一个科技报告，并让研究生有机会就撰写一些学术论文草稿，都是有益于研究生的。导师要及时肯定研究生的计划、初稿，这会调动研究生的积极性。实际上，早动笔、勤记录的研究生总是那些优秀的研究生。上面还讲到了时间表（日期安排），这些做法，都能成为成功地指导研究生的基础。这些做法，也都能成为研究生走向成功的基础。

（原文发表于《科技导报》，略有修改）

讲座71

如何进行文献和课题的调研

眼下飞速发展的信息技术，使网络技术功能众多、效率超强，令人叹为观止。即使这样，认为网络（“上网”）能代替研究生的文献搜索和课题调研，其实是一种误解。网络令人赞不绝口的是它“最快”“最多”“最新”，但谈不上是“最好”“最精”，而这恰恰是学位课题的第一步——你要了解或者你要指导研究生了解“巨人的肩膀”。这样的结果通常是学术分析的“战利品”，而网络不会提供如此专门的分析服务（这正是研究生的工作）。至今为止，世界上最先进、最优秀的思想只是存在于各个图书馆的专著之中，特别是一代又一代“巨人们”的书上，科学技术领域也是这样的。精华产生于积累之中，这是一个慢过程，研究生的学位论文就是这个过程的一部分。

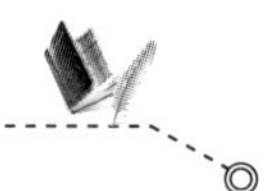

你也许不清楚，作为老师，我们很容易高估研究生利用图书馆的技能。网络技术快速普及让新到学校的研究生情不自禁地对“上网”产生优越感，有意无意不想做图书馆中应该进行的艰巨调研。有时候，研究生对一些最基本的图书馆功能都不甚了解，能达到令人吃惊的程度，对过期期刊放在图书馆的什么地方，他可能都不知道。“我为什么要去图书馆?”有的口上不说心里说。导师应该要求系里组织这方面的培训，或者你自己开设这种培训，研究生要积极参加这种培训。最好的做法，是与学校图书馆管理员合作开展培训，这样对研究生是很有帮助的。

有一件值得导师做的事是，鼓励研究生与图书馆工作人员建立友好的关系。我从英国回到今天的北京理工大学后不久，就与系资料室的刘老师交上了朋友，每当收到新的重要资料，他都会特地告诉我要注意，这种友谊让我在他退休后又请他与我的学科组一起工作了近 10 年。年轻学者与经验丰富的图书馆管理员之间的合作使得大家都能受益。有的图书馆、资料室擅长收集专题资料，这对课题调研特别方便。若得到了图书资料专业人士的热心帮助，导师要告诉研究生（以及研究生自己）不要忘了在论文中对他们致谢。

导师对自己的研究领域了如指掌是不言而喻的。让人容易忽视的是，有时候某个导师似乎会以为他的研究生和他一样，也熟悉所要研究的课题的方方面面。这种不经意，直接导致导师失去督促研究生了解课题的机会（并影响到研究生须补上这一课才能顺利开展科研这一程序的落实）。其实，许多研究生对自己学科领域内的各种期刊并不熟悉，研究生要规避这种现象。研究生需要清楚，在进行研究时哪些是与自己的论文有关的重要刊物。有的研究生直到导师要求他撰写可以发表的学术论文时，才想到要找一找有关期刊，看论文格式如何，这未免太晚。这也是一种对期刊的误解。不想从一开始了解与课题有关的期刊，失去的其实是了解“科学共同体”（即同行群体）的机会，且肯定无益于研究生就业与学术发展。作为导师，可以与研究生共同讨论哪些是最新的期刊，哪些是最有权威的，哪些期刊的受众较小，哪些期刊的读者群较广，这类讨论对引导研究生熟悉文献起到非常重要的作用。导师还可以谈谈自己的经历（研究生可以主动问问），自己哪本书是哪个出版社出的，自己经常发表文章的是哪些期刊，自己经常看的（订阅的）期刊是哪些，哪些期刊是网上看到的。不要忘了提一提哪些资料是通过校际合作等得到的，这会给予研究生合作的氛围。这种指导方式和内容，往往成为导师第一次向研究生谈及学术界（科学共同体）和学术出版界的机会，因为这些对大多数一年级研究生是空白的。

研究生特别是博士生不会是第一次从期刊上看到学术论文，并用于研究。研究生中最容易出现的问题，是没有找出他本该了解的新的论文或资料。一个原因是研究生不够勤快，只找到少数十分容易得到的论文，再一个原因是他缺乏专业性的引导。能够承担后一个责任的是两类文献：一类文献是“背景文献”，导师有责任提供一份书单让研究生作为背景材料阅读，以便了解课题所指的专业。另一类文献是近期的综述文章。现在这类文献很难找到，因为你找到的标有“综述文章”记号的学术论文，极有可能是那种抽象性太强、专业内容极不具体的文字，无法作为进一步科研的参考文献。找到充满学术讨论和分析的综述文章是令人欣喜的，这些论文往往出现于学术性极强的期刊上。

研究生特别是博士生还需要得到那些被称为“重要”的学术论文。如果就具体的课题，研究生已找到 50 到 100 篇论文了，那么这些论文中反复被不同论文引用的，肯定是导师和研究生需要重视的好论文。中文

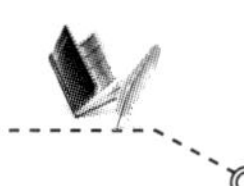

论文的一个令人遗憾的倾向，是参考文献不按其重要与否而引用，由此也就不可能应用上述方法了。这也是利用中文文献比利用外文文献更不容易做课题研究的原因。情况也没有那么糟，导师有3类论文可以让研究生放心利用。一是导师自己的学位论文，它往往对研究生产生很大的吸引力。你的论文会告诉研究生：原来导师也年轻过。导师还可以由此分析一下你发表的论文和学位论文的异同，哪些工作或数据两者都有，哪些只有一者有，这会对研究生有大帮助。二是本校或者本学科组研究生就相同课题写过的优秀论文，研究生会对这些论文的长度、样式、风格和规模有大概的了解。三是其他学校或学术机构研究生做过的相同课题的论文，国内高校的学术论文可以通过国家图书馆的检索系统查阅。

（原文发表于《科技导报》，略有修改）

讲座72

文献阅读以及如何帮助研究生阅读文献

虽然看起来文献阅读是研究生自己的事，但只有导师才能够训练研究生如何去专业性地阅读。在此基础上课题组的老师可以为新来的硕士生、博士生提供恰当的阅读技巧的指导，他还可以听高年级的硕士、博士和博士后讲解阅读期刊论文要注意的关键问题。遇到重要的文献，导师与硕士生、博士生一起搞个文献阅读讲座是个不错的主意。

导师对研究生阅读文献进行专业性训练的第一个要点，是要让研究生相信他所阅读的文献。科学家发表学术论文的基本精神是追求真理。不能带着对什么都不相信的念头看你搞科研所需的文献。这里要区分文献中有些地方甚至结果有误与全文所体现的作者的求实姿态。后人看前人，总会发现前人所处时代不可能但今天可能发现的疏忽和

错误。发现文献有错的过程并非硕士生、博士生胸怀一颗怀疑之心就行了，重要的是严谨、逻辑、理性的姿态和思考。有的时候，通过十分艰难的实验才好不容易明白前人因为什么给出了一个错误的结果。有些文献甚至并不因为其中有误而影响其成为该研究中的里程碑。

阅读文献专业性训练的第二个要点，是要让研究生学会“深入一步”的技巧，而且执行“只走三步”策略。人们在看思辨性文章时最不爱看的是那种“就事论事”的文章，这种文章总是围绕题目给出的关键词，叙述一大堆话，却从不往此概念的里头走一步。好比讨论“鸡蛋”，他会把鸡蛋的形状、颜色、重量、来源、去处、意义……说得像江河流水，但文章中绝不打碎鸡蛋。做学位论文得让研究生学会打碎“鸡蛋”：“原来还有蛋白、蛋黄、膜以及壳。”“这当然容易”，研究生会说。你要让研究生明白他手中的题目也难不到哪里，他查到的文献中，从题目就可以看出，有一些属于同一研究中“鸡蛋”层次，有些则会是“蛋白”“蛋黄”层次。大课题分成若干个中课题，后者又分成若干个小课题。阅读文献涉及几个这样的层次为好？这其实取决于研究生。最重要的，当然是他的研究所在的那一层，这样的文献要花力气深入研究。为了了解课题的发展及启发自己的研究，沿着课题研究深入的路线，往回（题目扩大）的方向走两步是合适的。这就是“只走三步”。当然，越是课题的领军人物，他精通的“层次”会越多。这种本领在进行科学规划和写科研指南时最有用。

阅读文献专业性训练的第三个要点，是要让研究生关注涉及自己研究题目的3个“焦点”，即（1）问题是什么？（2）用什么办法解决？（3）得到了什么结果？这其实也就是一篇学术论文的3大要素。阅读某

一篇文献，重要的当然是了解该文献是在这 3 个要素中的哪一个上有了属于作者的东西，或者真的 3 个方面都有作者的新鲜东西？然后，研究生应该关心作者这个新的东西是怎样出现的（源头在哪里）。这可以给硕士生、博士生极大的启发。顺便说一句，这 3 个要素每一个本身可以成为科研题目，比如为了得到一个新的方法时的研究，为此而进行的研究又要用到 3 个要素。也许，某个硕士生就是为了得到方法，另一个博士生就是为了得到准确的模型、合理的假说，其他研究生就是为了验证结果，等等，但他们的论文中又都须有属于他们所研究对象的这 3 个要素。

说到这里，可以看出来科研人员首先是一名读者。导师应该鼓励研究生做全面的阅读。有一位专家在回答“怎样阅读学术论文”时，提倡了一种这样的顺序，即读论文题目、作者姓名与单位、中英文摘要、论文引言、结论与致谢、参考文献以及附录。虽然忽略了正文部分，这位专家认为“走完了以上几个步骤，则基本上可以算完成了对那篇文章的阅读”。他认为正是正文部分的难度，会让研究生被卡住，“总是迈不过去”。这当然是一种策略，可以算作一种浅阅读策略。对研究生特别是博士生来讲，深阅读是重要的。是否需要深阅读，这位专家给出一个标志：“对于正文我们要区分这篇文章与自己所要进行的研究工作方向的关联程度如何。”研究生感到稍有难度的会是“什么时候浅阅读？”“什么时候深阅读？”

要指导研究生从阅读文献中解决他自己心中对完成学位论文课题的疑虑和困惑。有些时候反复阅读是必要的。从这些阅读他应该得到与导师一致的共识：哪些论文是里程碑性质的？标志性的？基石般的？由此，他还可以了解到自己研究领域的学者们是怎样解读和吸收相关文献

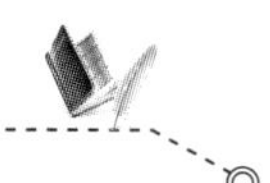

的。越是优秀的研究生特别是博士生越会很快积累一批爱不释手的相关文献。当然了，培养研究生进行创造性的专业阅读离写出好的文献综述、完成自己的研究还远。

（原文发表于《科技导报》，略有修改）

讲座73

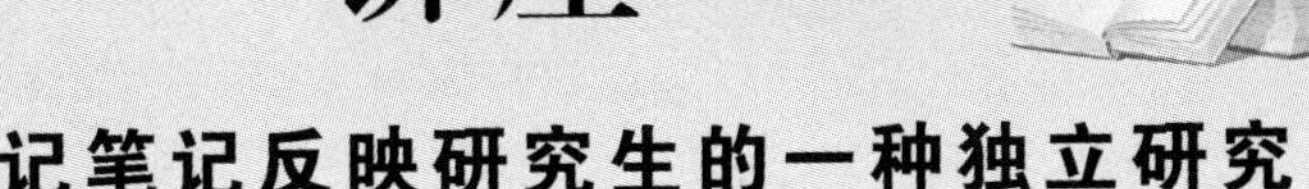

记笔记反映研究生的一种独立研究

虽然记笔记对大家都不是陌生的事，但对于文献调研和阅读文献时记笔记的重要性，并不是每位研究生都清楚的。事实上，有许多研究生并不打算一边阅读一边记笔记。现在谁还记笔记啊？有人会说。但是，鼓励研究生学会记笔记是一件有益的事。值得强调的是，记笔记从本质上说是研究生对文献内容的一种独立研究。如何在笔记中记下重要内容，反映出研究生是怎样“看待和分析”已发表的学术论文的。这是一种研究。研究生记笔记越熟练，他对自己要研究的课题越有把握，也使他在写学术论文和答辩时少一些困难。

研究生可能会缺乏阅读时记笔记的技能，他们也可能不知道怎样去归纳整理记下的笔记。导师应该帮助研究生了解，他的科研质量取决于

他是否对相关领域做了充分的研究，而他在阅读时记下的笔记的质量则是衡量他是否很好掌握了相关领域研究结果的一项重要标准。

笔记应该包含什么样的内容？研究生的笔记至少应该包括两个方面的资料。一是详细的书目资料，比如作者的全名、书或文章的题目、最初发表的日期以及你所使用的版本、出版者、出版地（对书而言），期刊或书的名称以及页码（对文章而言）。二是记录图书馆索书号，以方便你再次找到它，ISSN 或 ISBN 序号也应该记录。所有这些基本信息在引用书目时（写参考文献时）都应该注明，研究生往往不了解这一点。记笔记使研究生有更多机会接触和熟悉书和期刊的技术层面，比如国际标准图书编号（ISBN）以及国际标准连续出版物号（ISSN）。鼓励刚入学的研究生关注这些方面会对他们将来的研究很有帮助。关于怎样记笔记的座谈会也是导师可以选择帮助研究生的好做法。

记笔记当然不应该仅止于此。阅读文献时研究生会碰到的最大问题是理解文章内容的内在结构。研究生应该用文字记录自己这方面的心得。阅读文章好比听一个报告，在有些情况下，大脑会无法吸收新的信息，知道这个情况对研究生是有好处的。有五种情况会让大脑无法吸收新的信息：一是内容中没有基本主题，二是材料不包含任何观点，三是没有发现任何熟悉的内容，四是观点之间缺少过渡性信息，五是由于次序被打乱或存在和主题无关的内容导致材料不连贯。研究生的笔记也应避免记成这种样子。研究生在记文献摘要时的做法是十分重要的。记笔记通常是把大量的信息浓缩起来（所谓心得），研究生此时使用的方法会对他呈现信息时（写论文、答辩时）的方式产生巨大影响，因为他的笔记实际上会成为他搞研究的“路线图”和“详细计划”，他在笔记中怎么编写它们，它们就会怎么引导他、提示他、帮助他。认真的和科学的笔记会给研究生的科研带来好处：由于记笔记，由于他自己一笔一画编写着这些笔记，看了一遍又一遍，思考了一遍又一遍，他对笔记上的内容已经非常熟悉，非常敏感，在这种情况下，他的科研也就肯定会以笔记中的方式进行。

研究生还可以把科研笔记做成卡片式（不管是不是在电脑上），这种卡片式笔记可以随时补充新鲜内容。研究生对文献的阅读不可能一次完成，试想，别人费了九牛二虎之力写的论文，研究生一下子就看懂了，那样的话水平简直太高了，这不可能。实际上，卡片为研究生提供了记录后续深刻思想的空间。因为记笔记是为科研活动服务的，所以不妨把科研的思路、感悟、重点等等也记录下来。有一些信息研究生会通过记笔记总结出来，比如与自己同领域的科研机构还有哪几家？经常发表文章的作者（学术带头人）是哪几位？这样的学术论文有哪一些？更为重要的，课题的前沿在哪里？这些会在科研中和写学位论文时用到（所谓综述）。更进一步说，研究生会发现，进行同一个科研，不同机构采用了不同的途径（或方法），为此还可能引导研究生去相关机构做实地考察。

积累了一定数量的卡片式笔记后，可以将它们分类成专题卡片，其中一部分是对同一方面问题的各篇文章的重点或疑点。我自己在当年进行文献调研时，也做了许多卡片。现在情况有所不同，笔记本电脑中会有电子笔记的软件。然而，有相当一些研究生虽然查阅了不少文献，但只是把所需的文章复印下来，或从网上下载下来，并不去深入阅读或掌握其中的方法，更不用说记笔记了。这种情况肯定不利于成功的科研。养成读、记、写并重的习惯，边读边记边写，反复刺激大脑皮层，可以极大地加深记忆，大大提高研究效率。

如果你是一位导师，你会发现，随着技术的发展，导师不一定能跟得上最新的技术创新，有可能要向研究生请教，这同时又可以促进研究生对新技术的学习。当研究生能迅速告诉你有关新技术的文献时，或他为你指出你所疏忽的（可能是新出现的）引文出处时，你就可以确定，你作为导师，在文献调研、阅读、记笔记方面的指导工作是成功的。

（原文发表于《科技导报》，略有修改）

讲座74

如何撰写文献综述

无论是我自己的博士论文，还是我指导的博士生、硕士生的学位论文，也无论是国内的还是国外的论文，文献综述其实就是学位论文的第1章的主要内容。有的研究生会问导师诸如“文献综述应该写多长”之类的问题，通过对自己领域内的相关论文的研究，研究生可以了解到一篇成功的论文需要多少字的文献综述。就在写本文的时候，我应邀参加了3位本校博士生的答辩，她们的博士论文第1章占全文的页数分别是26/90、19/110、11/131（其中分子是第1章页数，分母是全文页数）。可见这与课题十分有关。值得指出的是，许多论文的文献综述过长并且看不出重点，这给人留下了非常不好的印象。试想，研究生需要进行原创性研究，然而文献综述却只是对前人研究的无聊并且没有要点的叙

述，这是十分糟糕的。有的研究生按时间顺序展开文献综述，比如说从1940年谈到了2018年，这样冗长的叙述往往看不到批评的观点，特别是看不出这些资料与研究生本人的研究（实践）有什么联系，导致整个文献综述既无实用性又无装饰性，似乎作者是为了“写”综述而写了它，并没有意识到学位论文中为什么要有文献综述。

在我早年的指导中，有一次一位博士生给我的论文第一稿让我意识到了学生在文献综述中存在着问题。这位博士生是研究一种新型的三元稀土汽车尾气催化净化配方和装置的，这当然是涉及环境保护十分有意义的课题，但初稿中宏大的联想能力是令人吃惊的——初稿从宇宙、太阳系、地球、大洋大洲、亚洲、中国、北京、交通、汽车，这才写到汽车排污问题，他把当时为止人类进步的环保意识都写了，这一写就是十好几页。当然这件事的解决是十分简单的：我让他把初稿中尾气之前若干页拿掉，再重写。初稿就是初稿，一般而言，文献综述的初稿在长度上会是终稿的二到三倍。

我在指导研究生的文献综述中得到的启示是，帮助研究生准备他们的文献综述的根本原因在于：他们还没有认识到文献综述的意义所在。导师向研究生解释清楚文献综述的功用是十分重要的。这些功用中最主要的，一是让读者看到学位论文作者有能力查找、总结、整理与课题有关的资料，并且把这种总结应用到了自己的研究之中；二是让读者从中得到结论，即这篇学位论文是原创性研究，而论文对前人的研究进行了有意识的实质性的引用。

能否具备把上百篇文献信息进行综合，是研究生训练的重要内容之一，因为今后的科学研究期待他有一流的综合能力，写成的文献综述也因此成为考查他的技能的一种“答卷”。然而很少有研究生认识到这一

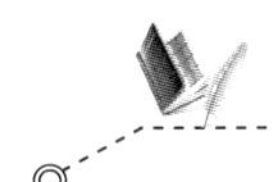

点。令人惊奇的是研究生收集到的许多文献中，都有“引言”，看起来他们不能从阅读这些“引言”与全文的关系中理解综述在学位论文中的功用。就此而言，他们阅读的能力也值得怀疑，除非他们的确只收集到了一大批平庸的学术论文（这似乎不大可能），或者他们其实并没有阅读（叫看一看更合适）收集到的文献。这些做法实在不值得。

由此带来研究生写的文献综述会出现一些毛病：一是信息不全；二是信息过时；三是综述十分无聊。为了预防遗漏信息，导师应鼓励研究生本人时时关注这方面的信息。我有一位博士生在答辩前几天，又到军事医学科学院图书馆查找她担心遗漏的新论文。你的同事可能会在一本期刊上发现有助于你的学生研究的资料，但如果你平时没打招呼他也不一定想到把资料拿给你看。为了预防信息过时，研究生必须在整个研究过程中都坚持阅读。经常出现的情况是，研究生在研究工作开始时重视阅读，然后阅读就越来越少。随时阅读学术期刊或者留意期刊文摘快讯数据库是值得提倡的。写得无聊是最大的危险。导师可以帮助研究生按照一定分类而产生的主题来安排综述，不要写流水账或干巴巴的大事记。有一些文献要做出强调的安排，这些通常是与研究生本人的研究有关的那些文献。避免无聊的最合理做法，是写出“灵魂”来，为此导师应训练研究生批判性地阅读文献，而不是单一地重复内容，更不要像一些“懒”学生那样仅仅堆积那些文献上的摘要。批判性地阅读对中国学生是一个挑战。在数千年传统的影响下，中国流传下来的文化不看好“批判”，对像《论语》《老子》这样古老的书籍，人们只看到解读和阐发的成千上万的文字，但对他们的批评似乎非常艰难。这当然也影响到了入门于科学技术的学生，虽然在现代意义上，批判是科学技术的主流做法。由此可见，对中国文化的了解有利于提高导师的指导技巧。另一

件应该让学生注意的事是，少用“大字眼”，多用“小字眼”。

当一位研究生写了一篇好的文献综述时，最好的情况是它能够发表或出版。记得我在留学时学校里有一位中国进修教师，在完成综述性文字后，他的合作导师就与他商量，把综述作为合作导师一本新书的一章出版，想一想，他是多么高兴。

（原文发表于《科技导报》，略有修改）

讲座75

数据收集是科学研究的重要枢纽目标之一

理工农医各科的学位课题研究肯定离不开数据收集。在某种意义上说，数据成为科学研究的重要枢纽目标之一，也决定着（代表着）研究的成败。作为博士生、硕士生也好，作为导师也好，一定要认识到数据收集是研究过程中的一个关键环节，而且极有可能是其中问题最大的环节之一。

学位论文的研究涉及的数据收集，可能不会顺利，导师和学生认识到这一点，是十分重要的。有些问题是普遍问题，大家都知道会碰到这些问题，但就是不知道会在什么时候碰到。有的时候，你赖以收集数据的实验系统和装置，令人兴奋地装配在一起了，但就是不符合设计标准那样正常工作，而且找不到原因。不论什么学科，在数据收集时，很多

问题都是难以预料的。我刚开始做博士课题实验时，测量激光能量需要购买一台新的能量仪，但仪器直到我快毕业了才到实验室。我的研究生做实验时常会遇到这样的情况：一次实验的4个测量点在实验做完后（样品消耗后）只拿到了3个点的数据，这是多么令人遗憾，有时只好不惜工本重做。不论什么学科，在数据收集时，很多问题都是难以预料的。时间也是个问题，收集数据即使在最顺利的情况下也可能拖得很久，无论你采用什么方法。看起来收集数据是个劳动密集型工作，导师要警惕研究生对时间和能力的估计过于乐观。由于实验总是要花钱的，研究生计划收集的数据通常比他们能够有效运用的要多。

应该收集多少数据呢？这是经常困扰研究生的一个问题。多数导师认为研究生收集的数据太多了。参加试验项目是不容易的，尤其是大型试验，研究生在完成数据收集工作后，往往会发现数据太多而不知所措。其实数据的多少取决于研究项目的性质，对此，实验室往往会有代代相传的经验。对于研究生和导师来说，数据收集的范围要切合实际。如果实验的目标明确、设计合理，那么数据收集的多少，应该让研究生能够把握，能够进行有效分析，并且能够发展成一篇成功论文。实践中能看到，如果研究生和导师缺乏信心，就会在试验中倾向于收集大量数据。这里透出来的信心不足，原因有很多，例如把握不住实验设计的准确性、研究课题的重要性、研究生的分析能力等。恰恰是在这里，体现着导师的一个重要作用，即指导研究生通过用适当的方法收集适用的数据，帮他们树立信心。如果你的学科经常导致实验中收集过多的数据，不妨在实验前让研究生干这样一件事：把设想收集的数据减少一半，把原来安排的时间增加一倍。值得记住的是，无论哪个学科的研究，重要的是能够学到东西，不是收集大量数据（资料）。

研究生会出现的另一个问题是淹没在大量数据和信息中。从某种程度上讲，对于某些学科，大量数据是不可避免的。原创性的研究也确实无法做到收集的论据数量正好，有些研究一开始很难判断多少论据就“够了”。即使是理论性研究，借助于计算机和数值方法你也可以得到几乎无限的数据值。大量数据的积累很容易让研究生陷入论据和结论的小细节中，产生被称为“只见树木不见森林”的现象，让研究生放弃好不容易收集的论据，从感情上来说也很难，这时候，导师的责任是什么？导师的工作主要就是帮助研究生培养辨别能力。面对大量数据，研究生要会辨别哪些论据有用，哪些可以丢掉。更进一步，要辨别哪些结果重要，哪些并不重要，哪些是反常的。有些研究生会过分关注论据及结果，这时导师可以想办法帮他丢掉一些，或者至少是把它们放在不那么重要的位置。

导师还要尽可能把握好研究生早期实验与后续实验的某些不同之处。研究生在收集数据（实验）的最初阶段，如果实验不顺利会有较严重的失望情绪，这是他们的信心敏感期。在大学本科阶段，学生进入实验室学习试验技巧所做的，更像中学的科学实验，大不同于学生进入硕士特别是博士阶段的实验，本科阶段大部分实验的目的并不是求新，这些实验的显著特点是它们能产生预期结果。博士生、硕士生会看到，实验（及设备）不像本科阶段那样总能产生希望得到的结果，有时候，一项实验，一次成功了，再做四五次又不成功了。初学者在进入这种状态不久后，很容易由于看到一些不确定因素或实验初步结果不明朗而失去信心。有时候应该成功的却做不成功，也找不出哪个地方出错了。这时候，导师应该怎么办？导师应该让研究生认识到，应对科学工作中的不确定性也是他们学习的一个重要内容。有许多方法可以帮助研究生理性

地面对失败。有一个方法，就是让研究生认识到，这不是他一个人的问题（事情有时就是这样），不光发生在他身上，大家都会遇到这样的问题，这样想一想，他一定会感觉好得多，信心也会上来了。

（原文发表于《科技导报》，略有修改）

讲座 76

从数据中得到概念并不难，理论创新开始于此

对于有些博士生或硕士生来讲，会有“做学位论文就是做实验，把实验结果写出来就是学位论文”的想法，研究生以及导师要在一开始就纠正这些似是而非的理念：仅仅做一些实验是达不到学位论文水准的。要避免把学位课题的结果简单地认为就是“把数据表达好，写出实验是怎么做的”。这样的做法既不合算，也不是导师指导学生的目的。如果只是训练学生做几个实验，写写科技报告，就用不着设置博士学位和硕士学位了。我是大约 40 年前（1980—1983 年）做的博士学位论文工作。我的全部工作，回过头来看，重头戏似乎就是数值模拟（因为我的实验设备之一，到毕业时才到的实验室）。但我在得到一系列计算机输出的数据时，思想上一直是把这些数据放在一个现存的（已达 100 年之久

的）理论中来观察的。导师和我都知道这些新的数据和100多年来的种种（文献上的）数据，有着不同的性质——我们使用了更接近实际（更少一些假设）的物理的和数学的模型。这样说来，我的博士课题岂不就是对一个经典理论的拓展吗（也就是说得到了一个新理论）？这正是导师和我从大量数字中得到的理论结果，而我的博士论文题目恰恰也表明这篇论文是一个“扩展的理论”。顺便说一句，我的博士论文是当年该校最佳物理化学博士论文。如何加深从学位课题中得到的数据的理论意义，是导师和学生首先应该做的理论工作之一。这样的工作的前提，是存在着一个已经见于文献的理论（这也恰恰是文献调研的意义之一）。

多数时候，研究生的课题很难说是与某个理论的发展直接有关。相当多的情况是，学位课题得以落实，受惠于若干个理论的恩施，特别是别人刚刚提出的新理论，这也是越来越多的学生用计算机做研究生论文的原因。但我们还是不能说这时候就没有“理论工作”了。简单地说，理论总是起始于概念。从数据中得到概念其实是不难的，即使只是给数据取个名字，也表明“理论之路”已经出现。如果正好需要把数据分群，那么给这些群分别取一些名字，说明你已经走上了理论工作的第二步。有了名字（概念），有利于判断的产生。给别人的同类数据也取个名字，你就可以作比较，进行讨论了。比如可以把别人的数据叫作“陈氏结果”“王氏实验”等。如果数据已经成了曲线，那就可以叫“董氏曲线”等。对整篇文献取名，可以叫“郑氏理论”等。把“陈氏结果”“王氏实验”“董氏曲线”与自己的结果放在一起（即让现存结果纳入当前结果的框架之中），也许就可以发现新结果的闪亮之处。这个工作叫分析，把分析的结果写下来，就是判断，比如“当前结果”优于“王氏实验”。值得说一说的是，“当前结果优于王氏实验”也许就是学生学位

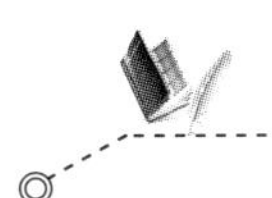

论文的重大创新。这是多么好的情况！可以说，取名字这样简单的事也有十分明显的进步性：它让理论产生得十分清楚。中国文化中人名用于取名字的传统不明显，活着的凡人平民不用说，伟人也要等到逝世后才会被普遍接受，比如“钱学森之问”。用人名取科学成就之名这项“专利”，看来都给了外国科学家（外国学术论文作者），而这些外国专家实际上会比你的导师还年轻几十岁。导师应该指导学生在这方面解放思想。你不妨实践一下，中国需要这方面的经验。中文学术论文中创新少，与中文文献不习惯于取名新概念也许是有关联的。不会思考新概念，就不会产生新判断、新结论、新理论，那么与此有关的创新又从何而来？更不要说学术大师了。

新取名的概念之所以重要，是因为它包含着并非简单的许多新“工作”。“钱学森之问”虽然只有5个字，但若要把这5个字的所指、所值、来龙去脉一一写出，恐怕用一页纸都会不够。研究生在从数据中产生理论时，容易忽视的还有被称为“只见树木，不见森林”的现象。旅游是先有了“森林”概念，然后大家参观时看见了比如长白山森林中的许多许多树。科研正好相反，是你先看见一棵一棵种在山上的成片树木，然后让你“取名字”（它们的集合叫什么呢?）。又好比你走进一间屋子中看到了桌、椅、床、灶、锅……你知道这个集合体有个名字叫“家”吗？从实践中看，只有少数学位论文关注到了这方面的训练。其中一些，在对自己研究对象的个体集合体合理准确地取名后（比如叫“森林”“松树林”等），从中抽象出“生态”作为研究的问题，他们是更为优秀的学生。研究生通常会在课题研究时，发现他们动手在干的题目不容易产生研究问题和分析概念，这令他们失望。多数情况下，他们最终会把所做过的研究一一罗列在一起。导师会发现这是非常乏味的文

字。这样写出来的文章是不能称为学位论文的。虽然研究生在成为研究生以前已经从专业课中掌握了大量的概念（名词）、判断（规律、模型）和理论等，但是研究生课题只停留在这些上面是不行的，导师在专业内容上要指导学生往前走，研究出更新更高层次的概念、规律、理论来。这样的情况，有时是要好几代人才能完成的，比如现在许多科学家在研究的“环境问题”“生态问题”“能源问题”。即使是工程、技术性问题，也要从中找到“理论内容”，这应该成为导师和学生的基本功。

讲座77

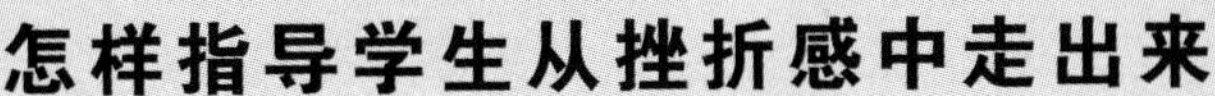

怎样指导学生从挫折感中走出来

导师的一个重要作用就是帮助学生保持信心和热情，绝不仅仅是关注学生是否能够在一天开始之际迅速地开始8小时的工作。尽管总是有学生不能自控，起得又晚，工作时似乎是迷迷糊糊，但大多数学生不会是这种初级不成熟状况，他们会遇到“信心”问题，这是成熟阶段的问题。比如我曾经有一位能干又有责任心的博士生，在做完课题调研以后遇到了对课题的严重“信心”问题，让人不可理解的是，他找到的文献越多，他越是认为没有“创新”的可能了，他坐卧不安，转化为抑郁症且日渐严重，后来不得已选择了退学。我至今对此十分遗憾——作为导师，在学生无信心时没能引起足够重视并有效给予帮助。

许多导师有着以往科研的成功经验，眼下的课题经过“过关斩将”后成功是没有问题的（专家委员会也不会批准实施明显看不到成果的课题），但对于学生而言，任何研究都是困难和棘手的。面对被资助的课题，如果一着手就能解决，那么这个研究就太简单了，也就不能叫学位课题。学生一旦进入实验阶段，会感到突然动真格了，“结果完全是开放性的，不可预期是否成功”，他们忐忑不安，当实验达不到预期效果时，往往很受打击。学生在进入实验阶段不久后，很容易因看到一些不确定因素或实验结果不明朗而失去信心。

大多数学生都难以避免产生挫折感，这是不难理解的，因为这是他们一生中第一次参与相当有分量的科学研究。大多数导师会在学生遇到挫折后，鼓励学生重做。这里的关键是“坚持”。挫折之后应该针对“恢复信心”而行。如果得到老师的鼓励，学生的信心会逐渐确定。坚持总会有回报。对于科研问题，都有一定之规，并且具有代代相传的特点：先一代的学者设计了一套实验，解决了一类问题，后一代的学者会改进实验技术，解决另一类问题。在许多高校和研究机构可以看到，上一代研究人员成了博士后，由他们来指导后来的博士生以及硕士生。

不能说博士生对攻博没有心理准备，硕士生的课题稍显容易但不努力也不行，这里也还有一代一代传下来的经验和技术，然而学生特别是博士生还是经常碰到“失败”。在实践中，有些问题、有些“障碍”不仅很难应付，而且稀奇古怪，也很难预料。

一旦实验开始启动并且走上正轨，就会开始出结果。只有在对关键因素缺少思考的情况下才会再出现重大错误（对没有经验的学生需要导师在必要方面予以提醒）。有时是一个关键问题的突破，有时是读到一篇论文，或是调整了实验设备。在我指导过的学生的实验研究中，房间是否电磁屏蔽，人体带着静电，都会对实验产生重大影响。

在对课题有足够把握的前提下，导师在学生碰到挫折时在指导方面所遇到的重要问题，其实是在“乐观的信心”和“困难的现状”之间如何寻求平衡。一方面，在学生信心动摇时给予支持，这点很重要。有的导师会习惯地“埋怨”学生，这不可取，鼓励是唯一可取的态度。另一方面，一味鼓励显然也是有问题的。导师显然不该鼓励学生不撞南墙不回头。若在实验中事情有些不对头，一定要考虑并判明是不是真的出错了，是否只要实验继续下去就会好转。如果学生遇到的的确是一个无法解决的问题，导师要帮助学生重新设计问题和展开研究。

这里还有一个信念问题。首先，学生要相信自己的导师，相信目前所遇到的问题仍然属于我们的能力和知识范围内可以解决的。然而就科学研究来讲，仅仅有这种信念是不够的。导师也好，学生也好，要有更进一步的信念，即相信研究是可以完成的，会得到新的结果，并对所研究的课题作出新的贡献。

在有些场合，特别是学生碰到“挫折”时，一些导师会倾向于自己动手（或和学生一起）做实验。这当然会受到欢迎，也表明了导师迎难而上的信心。但是，导师应该参与到什么程度？对于那些认真的导师，在收集数据过程中的参与程度多数时候也会成为一个两难的问题，这是因为我们需要的新一代科研人员，是应该能够独立工作和独立思考的新人。学生自己知道什么时候该做什么是十分重要的，他必须有清晰的尺度：什么时候不必征求导师意见自主行动，什么时候要征求导师意见。对于导师则应该清楚，不同的学生需要不同的指导，这是因为有些人能

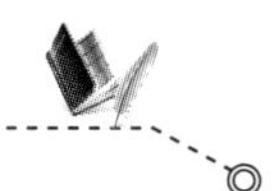

力强、有经验，有些人则相对差一些。比如在化学实验室，导师去实验室看学生的实验，甚至一天三四次都是正常的，他们以此表示对学生实验的关注，以此保证实验有效。当然这取决于导师。

（原文发表于《科技导报》，略有修改）

讲座78

帮助研究生改变情绪低落的状态

这实际上是激发研究生积极性的问题，即如何才能始终保持研究生的动力和工作速度？我记得自己当博士生时，情绪的低落对科研的影响很大。当然，反过来也一样。实际上，即使在正常的情况下，一部分研究生进校初期的那种热情也是会逐渐减退的。当人们不得不把时间和精力成年累月地用到同一个问题上时，这种现象就会出现。同时，研究生往往会因为生活中的烦恼和压力（诸如贷款和贫穷）、孤独、论文课题上的挫折、论文课题的写作，以及就业方面的不利消息而陷入情绪低落期。

导师可以帮助研究生调整抑郁的情绪。前文已经谈了如何帮助研究生在遇到挫折时得以恢复。但是，也有一些问题是导师一时没有认识到

或者没法排解的。关注并尽力给研究生指导，应该成为导师遇到此类问题的首选“药方”。得不到导师的建议、导师的指导不足、没有给研究生指明方向，往往导致更糟的状况。

导师应该留心研究生是否因为实验失败而丧失积极性。有时候，研究生在文献调研查到许多文献，会有害怕情绪，通常他会想：我还能有创新吗？更不用说在没有查到文献时会有担忧。这种情绪源于研究生对“创新”的误解，以及对文献调研目的的异化。在另一些研究生中，你会发现他们总是小心翼翼地“护卫”着自己负责的那些研究工作，遮遮盖盖，吞吞吐吐，因为他们害怕别人的工作导致他们自己的研究不值得再继续下去，一是担心别人的工作太接近自己的工作，使他的工作变为“非原创”或退居次席，二是担心别人拿出什么东西来（特别是这个人已为此而获博士学位时），并由此而表明他们自己的研究路线是错误的。在化学和生物领域的一些课题中，成功的标准往往是合成新的化合物，因此，这里的研究生就必须一直尝试下去，直到成果出来为止，不管需要多长时间，有时这会使他们感到恐惧。当然，当实验室的研究开始产生有用的结论时，他们之前的担忧和不踏实的情绪就会一扫而光。对于导师来说，在研究生悲观失望时，应该帮助他们看到整个研究团体已经取得的成绩。放眼整个领域的研究活动有利于研究生保持积极性，在这方面导师有可以调动的许多资源，比如同一个实验室里其他人的工作、前人的工作、导师本人的成就、新毕业的同领域博士生的研究。组织学生论坛，让研究生参加学术交流都会有利于打开他们的实验思路。博士后对研究生是一种榜样，因为他们已经完成了博士论文，天天看到他们，研究生会觉得他们自己也会有出头之日。

导师应该在指导方面尽量减少那些使研究生情绪低落的情况。导师

休假或出差会对师生感情和整个研究项目的前后连贯带来影响。导师离职或者导师到另外的单位任职，研究生又无法一起转校，影响就更大些。许多年以前，某大学有一位教授出国了，他的一位博士生后来就转到了我这里，但攻博的课题变了，这给他带来了不少困难。比这更糟的情况是导师发生意外或者去世，因为这时师生关系的中断还伴有悲痛的情绪。副导师、硕士生指导小组等方法是好方法，我就是采用的副导师法。在指导方面对研究生提升学术积极性的一种好方法是建立学术网络。试想，如果同一个导师以前指导过的研究生和正在指导的研究生彼此认识，如果新来的研究生已经阅读了前几届研究生的优秀论文，那么导师和团队的风格就不会因为导师的出差、休假、出国开会，以至更换而产生断裂。

生活的烦恼特别是困窘会使人情绪沮丧，这是一个好导师应该关心的问题。导师在帮助研究生这类问题上是可以有所作为的。导师还有必要提醒研究生注意休息，情绪和身体状况的关联度很大。当然，即使研究生的身体状态很好，他们也可能萎靡不振，一个原因是他们在硕士生以前形成的学习习惯——那时有老师讲课，有外部设定的交作业期限和课程安排表——这种按部就班且在此前行得通的学习习惯，对于三四年长的独立研究显得非常不够。这种习惯的消极后果是，任务拖到规定期限之后还未完成，研究工作进展缓慢，交上来的文稿质量不行。遇到这种情况，导师有必要劝告研究生改变学习和工作习惯。可以告诉研究生，每个人的工作习惯（包括导师自己），也是通过不断尝试才找到适合自己的方式。他们还可能认识不到每周工作 40 到 50 小时的必要性，而对导师来说，这是不言而喻的。很重要的一条，是让研究生认识到每天都需要全身心地投入。

现在要谈谈研究生的孤独感，许多研究生会产生这种感觉，这是对他们最有害的问题。研究生常常只认导师不认别的老师，学位工作的独立性（任何一项有意义的科研必通过个体的大脑思考而进行），都可能导致学生不跟别人讨论他的工作。即使是在人满为患的实验室，大家也是独自工作，人人如此。他们跟周围没有联系，为了研究而工作，“冷板凳”的概念也许就是这样产生的。这些感受所产生的影响会减少研究生当初的热情，减缓工作速度，甚至使工作驻足不前。导师和系里可以做一些努力来减轻研究生的孤独感，应该使他们认识到，学术上的孤独感是必要的、可取的，但是，没有必要为此造成情感上和社交上的孤独感。鼓励研究生参加校、系的公共活动有益于改善孤独感。每学年定期召开关于研究生发表论文、答辩的座谈会，可以作为各种研究性讨论会的补充。导师还可以尝试使博士生和系里的教职工见面，创造一些条件让研究生可以集中在一起。研究生能够获得支持的重要来源就是一个有影响的论坛组织，其中有专门的研究生学术会议就更好。我所在的学科组每两年召开 4 个不同的国际会议，使研究生得到不少好处。有些学科有研究生特别是博士生加入学术性社团的传统，这值得推广，如果要把研究生培养成为一名专家，他就必须尽早加入一个专业网络。

（原文发表于《科技导报》，略有修改）

讲座79

成为有良好判断力的学者

专业学者的重要素质之一是判断力，通常这也是学者“好品位”的具体内容。实际上，我们并不清楚各个专业领域的学习者（如博士生）究竟是怎样学会自己学科所需的基本鉴别力的，我们也不清楚这些专业内的行家究竟是怎样运用自己的鉴别力的。我们身边会有许多有经验的专家学者，他们从常年的工作经验中学会了如何判断自己领域内的研究、学术论文和专业著作的质量。即使这样，在大多数情况下他们并没有经过明确的指导。值得指出的是，21世纪科技和社会的飞速变迁，已经容不得对未来学者专家的培养走一条“多年媳妇熬成婆”的路子。在研究生指导工作中，高度关注研究生学术判断力的提高是十分重要的。

虽然形成学术判断力和“品位”的基础通常是说不清道不明的东

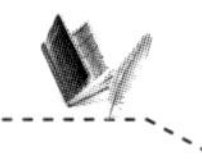

西，而且与具体专业紧密相关，但从总体上讨论怎样指导研究生做好课题，怎样促进师生间对学术文化、学术惯例和判断力的认同感，这是对各方都有好处的事。这类事多讨论、早讨论对研究生益处多多。在这些青年精英一步步被培养出来的早期，他们在绝大多数时候被指导如何掌握和运用知识（用学到的知识求解不同难度的各类习题、应付考试），他们很少被告之知识被创造出来的过程，即使是内容极丰富的教材，一般也很难让人知晓当初专家学者创造这些知识的痕迹（学生教材已经被一代又一代的编写者“精益求精”“深入浅出”了）。很多时候，你还会碰到对学术圈的种种误解和成见。由此，了解学术生活、科学共同体的各个方面会对研究生有很多帮助，他们会较成熟地看待自己的攻博攻硕课题，他们会以同专业其他人的研究为参照来看待自己的研究，他们会理解和运用本学科涉及的一些日常的惯例，此时他们成为科研组成员或系里的老师也就变得轻松多了。

导师可以尽可能详细明确地向研究生阐释学术圈里的人是怎样做判断的。需要判断力的场合有编辑一份期刊、评审期刊论文、写书评、评审或鉴定科研成果，导师参加了这些活动都可以拿出来向研究生解释，与研究生分享。有些老师还参加了工程实施。导师在学术界越不活跃，研究生训练判断力的机会就越少。所以，帮助研究生的方法之一就是导师让自己活跃起来。

学术会议是训练研究生判断力的好场合。导师和研究生一起去听学者的报告，鼓励他们提问，之后还与他们讨论演讲有哪些可取之处，哪些缺点。如果只有研究生去了，导师可以让研究生汇报演讲和讨论过程，总结他们的批评意见。如果是与导师学术领域相关的会议，可以讨论的东西就多起来了，如在会上做了什么，为什么，会上的发言如何，

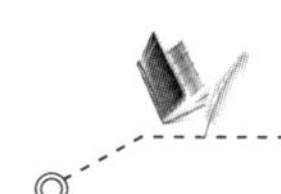

导师和研究生各有什么看法。

另一个培养学生判断力的好办法是让他们阅读导师自己准备中的学术论文。当年导师和我一起写论文时，导师常要我往文稿上补充一些东西，这让我得益匪浅。你可以把自己的论文草稿拿给研究生分享，鼓励你的同事也这么做，并与研究生讨论你是怎样为发表文章做准备的，你为什么要做这样的准备。我的导师在编辑部寄来修改意见时，让我按意见修改论文，有时甚至稿子被退，导师也把退稿信给我看，这对我是无价的经历（毕业前导师和我一起发表了14篇论文）。如果你正在评定其他学者的文章（为某个期刊），而且你的评审工作允许研究生帮忙，那么研究生就有机会亲身感受到同行评价是怎样进行的。

值得指出的是，在日常之中有经验的导师容易将自己学术工作的某些方面，比如同行评价（无意识地）看作一种不学就会的东西。这也的确不难理解，同行评价在鉴定文章能否发表、考虑颁发研究津贴和奖项等过程中非常普遍，以至于所有的学术工作者都会参与其中，我们已经习惯把它当作职业生涯中付出和得到的一部分，这其中涉及的人为判断对促进学科发展和决定学术作品命运所起的作用我们也已经习以为常了。我们常常意识不到，起步阶段的研究生很少会认识到我们已经习以为常的这些事。导师知晓研究生渴望了解这类知识的正面意义是有益的。同时，应该让所有人都强烈地意识到，研究生的判断力更多地源于指导。

即使只有了些许判断力，也会让研究生产生自信心。他们开始有能力将自己的研究与同辈的研究及更为资深的学者的研究作比较，这有助于他们在整个学术研究的框架内定位自己的研究。一旦能够带着批判的眼光和实际功用的考虑去评判别人的研究，他们就能更好地认识自己研

究的价值所在，并能够将自己的研究与学科领域内别人的研究有意义地联系起来。不要小看研究生的思考能力，经过带着这些问题的深入思考，他们就能开始认识到学术判断的一些微妙之处，虽然这些微妙之处常常难以描述。

学位条例对学位论文有相当明确的框架一样的要求，这些要求原则性强，但与研究生的研究工作无法作高考试题中判断题那样的对应。对这种形式上的规定进行师生之间的讨论仍然会提高学生的判断力，讨论会让研究生了解学位课题应被放入一个“框架”，在此基础上，研究生会识别出评审人所重视的无形特质，从而知道如何安排数据、结论、分析才是合适的，一句话，怎样才能表现出学术写作规定的特有风格。最后，你一定也能想到，指导研究生阅读博士论文也是培养判断力的一个好途径，这是博士生导师用得较多的办法。

（原文发表于《科技导报》，略有修改）

讲座80

学位论文的写作建议

导师在博士生、硕士生的学位论文写作中究竟应该担任什么角色？多数导师会承担起一名催促者的角色，有时，我也正是这样做的。但现在看来，这样的角色是远远不够的。

早年我拿到博士生交给我的论文时，常常会跟学生说，“你的论文还没有到交给我的程度”，至今我的已经成为博导的学生也用这句话回答博士生。话是这么说，这种情况实际上反映出学生需要导师的帮助。一种情况是学生“机械”地写论文只是为了交论文、为了发表论文，另一种情况是学生的确不知道要写什么、怎样写才合适。面对这两种情况，导师要有积极的心态，相信学生对写作的态度是可以改变的，学生的写作技巧也可以提高，这是导师最起码可以做到的。从学生拿来的初稿

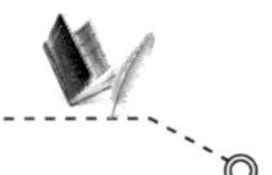

看，绝大多数学生，即使快毕业了，都需要论文写作的指导。我不喜欢简单地指责学生“论文写得不好，要认真修改（或重写）”。其实，对于正在从事科学研究的导师和学生，不仅学生需要指导，作为导师，也从对学生论文的批判和思考中获益，常常拓展了导师对科研项目的认识深度。说到底，学生的课题，就是导师正在做的课题。学生在论文中诉说的认识，很难说就不是导师的思考，导师帮助学生的写作，其实就是完善自己的思想。

导师以课题的共同完成者的角色，来指导学生的论文写作是合适的。导师明白了自己的角色，也应该让学生明白，写作并不是一个与科研不相关的孤立过程。在实际中确实有不少学生总是想着科研是科研、写作是写作，实验完了再写作，或者“要做”的事做完了再写作。这样一来，实际上是给写作设置了障碍。导师应该让学生建立起一入学就开始写作并持之以恒的意识。强调写作与科研同步，是和博士生、硕士生培养的本质一致的。由于学位论文在研究生的培养中举足轻重，有个别导师（心急一点）甚至会有代替学生起草研究论文的想法。这样的做法不值得提倡，因为这会完全丢失论文写作对于学生综合性科研能力的培训，但这也不是说学生和导师不能一起商量写作提纲和其他问题。

那么，在拿到了博士论文、硕士论文初稿以后，导师究竟应该怎么办？也许导师都明白，要提出建设性的意见，不能全盘否定论文，这样会打击学生的信心，但是具体做起来就会因人而异，详略俱存。我常常采用两种做法：一是略作分析，马上让学生拿走修改。这意味着学生在写作中的欠缺集中在把握不好“写什么”，或者缺内容（做了工作没写，或者工作还没做），这时候对初稿作认真细致的分析是没有意义的，因为学生做修改以后，再落实到文字上时，下一稿和前一稿会有很大的不

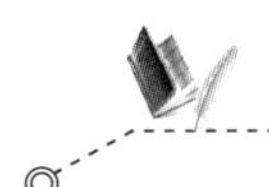

一致，有时候前一章和后一章会有变化，甚至章节还会有增减。在这种时候，导师的建设性指导，应该集中在对大块文字（内容）的分析上，也即对论文作粗分析，希望补什么，希望哪些详哪些略、哪些前哪些后。有的时候，告诉学生的，也就是分析讨论结果时，“讨论不够，与前人工作的比较不适当或缺失”这样一类的话，这些话也要说充分了，因为这些大的内容，往往是导师认为支撑学生工作质量与水平的结构性内容。当然，有时学生也会有系统的但并非结构性的问题，比如全文各块内容（各个章节）之间，毫无过渡性交待，导师应该让学生也要注意这类问题。

二是收下博士论文、硕士论文仔细阅读，一边阅读一边仔细批改。这种情况往往出现在学生在“写什么”上大致可以，但在“怎样写才合适”上有距离。所谓距离，当然取决于导师心中的标准，相当多的时候还取决于导师的个性和爱好。比如，我会把学生论文中的“我”字都修改掉，这时候，我爱动手在稿子中修改，在许多学生的稿子中我在一页上就会有若干处这种修改。修改了什么，我会记下来，以便下一个学生再写时不会出现同一种“问题”（实际是“形式一致”的要求）。学位论文在较细程度上的欠缺，这时也要用批语写出来，告诉学生如何修改。有的时候还会出现增补段落或者段落前后互换的要求。我在稿中写下的，或是直接修改，或是提出建议，都是可以让学生做到的，不再是抒发心境，或者指责学生的话，那样会让学生不知怎么办。但这也不排除我在直接修改以后，会写上一两句话说明原因。比如，有时我会告诉学生“避免使用在电视上经常能听到的词”（因为电视是大众传媒，并非专业性要求极强的媒介，后者见于专著、参考文献等）。又比如，有的学生会有习惯性用语，10个用“然后”的句子，你其实可以划掉9个

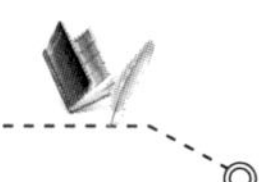

（“其实”两字用多了，也影响论文的专业性）。还有一种情况，即要避免口语，许多学生会按口头语言写学位论文，我会仔细地校出口头语，改为书面语（后者含义精确）。比如口头上人们爱把“好”直接说成“很好”“相当好”（加上副词的理由其实并不存在），这时就要把副词去掉。

没人能够事先确定分析、写作、修改学位论文会花多少时间，导师提醒学生为学位论文写作留出充分的时间是十分必要的。在论文答辩的截止期快要到的时候，才把论文初稿交给导师的学生不在少数，有时学生留给导师的时间也就几天。有鉴于此，导师事先想方设法甚至严肃地让学生注意时间概念，实际有益于双方，也十分有效。

导师在写作上的最后一个责任，是要让学生认识到，写作不仅是科学技术研究生涯的一部分，而且是重要的一部分。写作不是一种天赋，尽管有些人写得仿佛比别人要容易些，但没有一个人的写作能力是信手拈来的，所有的人都要付出努力才可以写出好作品。当然，这也不是说每个学生都必须在“黑夜”里摸索，今天，在书店里可以买到不少指导写作的书，导师和学生都应该有机会得到这些“帮手”。

（原文发表于《科技导报》，略有修改）

讲座81

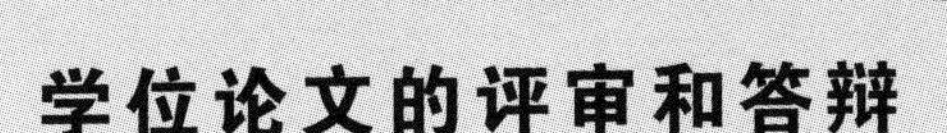

学位论文的评审和答辩

从研究生的角度看，答辩以前，会从两个方面得到学位论文的评价。首先，拿给导师的学位论文稿，意味着研究生会从导师那里得到对论文的评价，这当然是对学生论文最有价值、最直接的反馈。导师应该让学生把你的每一句话都当回事。此后，在把学位论文送评阅人时会得到评阅人的意见。找到熟悉课题的评阅人是十分重要的，但很多时候这样的专家不好找。再说许多学术机构执行“盲审”机制，有的学校博士论文是百分之百盲评。这样选择的专家就不一定熟悉课题。通常他们会从不同于导师的角度提出对论文的评价，研究生实际上对他们究竟提什么样的意见或建议是一点不知情的，他们会忐忑不安。导师在这时给予学生对自己工作的信心十分重要。“做着有分量有质量的研究就不用害怕评

阅人不让你答辩”，有时我这样对研究生说。

在选择答辩委员会成员时，情况则要主动多了，导师可以和研究生一起决定谁应该被请来作为答辩专家。导师要告诉学生，不论请什么样的专家，他们在提“意见”上都会是行家，而且有些专家会是十分有个性的人，但他们又往往最忠实于科学和真理。研究生真正应该做好的，是把属于自己的那一部分“故事”讲好，尽管这个故事的主要情节是专家们来评审“给予你博士学位或硕士学位是否合适”。把自己研究中的事实和论据准备充分是重要的，因为科学和真理最讲究的就是这两者。

导师可以在哪些方面给予帮助和指导呢？最重要的是让研究生在答辩期间树立信心。不知名的评审人也好，答辩专家也好，看起来，他们和导师决定着研究生的最后评价，其实不然。如果问：对论文评价最重要的人是谁？答案是研究生自己。是他或她搞的研究，不是评阅人和答辩专家，甚至也不是导师——尽管导师指导了研究，投入了许多精力，可能还一起做了实验。导师应强调论文是研究生写的，研究生应该把自己看成是一位本课题的专家，这十分重要。“是你做的项目研究吧！是你写的学位论文吧！那还有什么要怕呢？”我有时这样说。

在答辩时，研究生害怕的地方，主要是专家们的提问，他们怕回答不了问题。导师在这方面的帮助，当然是要化解研究生的恐惧。东方文化以让对方“语塞”为一种“胜利”的标志，而日常之中问答又被归入了这一范畴。这当然是落后带来的心态，研究生教育应该远离这种状态。可以让研究生知道，在答辩时，专家们提这个问题或那个问题，目的之一不在于答案本身，而在于了解你在批评面前，能否用合适的科学语言进行论辩。更进一步，从中了解你对课题的信心。只要研究生完全彻底地了解自己的学位论文，回答这些问题是不难的。在答辩时，专家

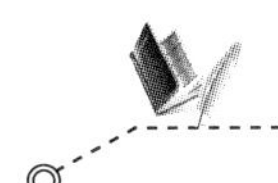

们提问的另一目的是要了解，在碰到一个没有准备的问题时，研究生能否站在自己的立场上进行思考，从而给出理由充分的回答。换句话说，你（研究生）是一名学者吗？

的确，导师培养研究生的目的之一，是要让研究生进入本专业学者们的圈子。比方说，有时专家们的确提出了远超出研究生实验之外的问题，或者明显属于研究生知识范围之外的问题，其中，导师知道问题答案的情况不少，那么，导师能替研究生回答吗？最好不要这样做。东方文化是“面子”文化，研究生答不上来，导师会觉得若不帮助就“太丢面子了”，或者专家提了个“不是那回事”的问题，导师不指出就“太没有水平”了，但这对于研究生自己成为圈子内的专家并无帮助。某些具有个性的研究生会在此时大谈其实他并不了解的问题的答案。导师就要在事先告诉研究生不能采用“假装知道”的办法，因为专家们会很快看出破绽，然后穷追猛问，最后必定是学生不可招架，败下阵来。遇到难题时，要让研究生把当前的讨论返回自己所希望讲的问题上来——这就是学位论文的内容。采用实事求是的姿态，让专家们知道你实际上并不知道那些问题的答案，会有好的结果，因为专家们最终看到的是研究生做的和他们一直在做的，没有不一致。这其实就是科学共同体日常演绎着的故事。

（原文发表于《科技导报》，略有修改）

讲座 82

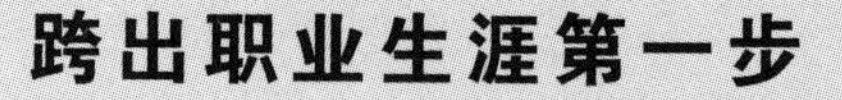

跨出职业生涯第一步

导师的帮助和指导其实并不开始于现在。在博士生搞科研、做实验的以往日子里，导师和博士生不仅愉快地一起工作、思考，在许多场景下，还引导博士生走进了一个被称为科学共同体的同行圈子，这是他职业生涯成败相连的网络，他从导师的口中、与导师的交往中，生动地了解了不少他今后的科研同行以及所在机构，本来这些名称和姓名无非只是他在项目调研中从文献中看到的文字符号而已。这些人，有的已经堪称熟人。不止于此，在人们的基本思考都认为把博士科研做到一流就一定能跨出成功职业生涯的第一步的时候，导师可能已经告诉学生，现在的趋势是要看学生是否有博士后经历以及博士后研究的发展状况。导师或许已经为即将毕业的博士生找到一个博士后职位付出了许多努力，这

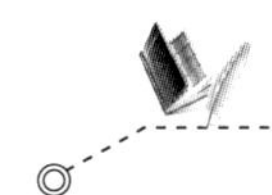

种帮助和指导是值得的，也是一种雪中送炭的行为，因为多数博士生会在跨出职业生涯第一步——竞争一个博士后职位时力不从心，而导师可以弥补这种欠缺。

即使博士生在找到从事科研的工作后，博士课题及他所受到的训练依然影响着他的职业发展。这里有一个令人高兴的现象，可以把它称为“五年规律”，也就是说，在一位博士生毕业后，若他继续从事专业研究，那么他在博士期间所达到的成就，会让他在今后的研究中于 5 年内（甚至更长时间）仍然处于研究的高水平。这样的题目往往是博士生导师和博士生共同选择的。虽然这样的帮助和指导在博士生攻博之初就已经完成了，但是导师在毕业时对博士生的学术鼓励仍是十分有益的，这会促使他十分清醒地利用好在博士课题中取得的优势。

从上述两个方面，可以看到导师对于博士生未来的职业至关重要。的确如此，博士生和导师之间的工作关系可能在提交论文和授予学位后延续多年。博士生被授予学位或者毕业，只是对他人生某个时刻的一个命名，与此前、此后同样的称谓一样，都只是一个瞬间而已。重要的是，导师和博士生是科研上的同事。这样的关系，从录取他为博士生时就开始了，一直在延续。博士生若有这样的认识，对于他的职业生涯是十分重要的。

具体帮什么呢？本文谈一谈推荐信。即使是新成为博导的，也一定有过帮助毕业博士生写推荐信的经历。事实上，导师常常有可能在科学共同体的一些事务上成为对博士生有帮助的推荐人，而且是一位专业推荐人。提供推荐信，是几乎所有学者的重复不断的重要工作。有人可能会认为看不出其中的重要意义，这其实和评审期刊论文等工作是一样的，对于一个学科的发展具有一定的意义。导师对同事负有义务，确保合格的论文得到发表、合适的研究获得资助、合适的人员获得任命，同

样，导师对自己的学生和以前的学生负有义务，确保激发他们最大的潜能，并获得很好的职业发展。对导师来讲只是一封推荐信的小事，对于学生来讲都是事关职业发展的大事。

推荐信表达了导师对自己学生的判断，值得认真去写。文字和语言的数千年演化，已经使这种判断的书面表达产生了十分丰富的表达方式，一些写法对应积极和热情支持，另一些写法则可以对应保留的态度。导师也会在不经意间在推荐信中因过于犹豫不决和低调，向对方传达了负面的意思，即使本意确实是肯定的。因此，让更有经验的同事看一看草稿是合适的。如果以英文为学生写寄往国外的推荐信，给美国的学者看，写得态度热烈，甚至赞其为“曾经教过的最出色的学生”，他们不会反感，但给英国的学者看，过多的最高赞美之辞反而损害申请人。通常，无论中文或英文，推荐信的读者习惯于“体会言外之意”，破译其中“密码”，因此写信人需要理解约定俗成的说法。由于疏忽或者以为不重要而遗漏什么，可能会在不经意间将申请人置于不利的境地。漫不经心的推荐信甚至会造成贬损。如果申请人去面试的是讲师职位，推荐信却没提教学能力，这就使推荐信说服力不够。在多数这类信中，不要忘了提被推荐人研究的原创性和对学科所作贡献的重要性，否则反而有害。

导师不可能只是博士生第一份工作的推荐人，这种义务可能持续多年。导师和博士生之间常常保持持续不断的关系。成功博士生的成功导师可以在他们整个学术生涯中为学生提供合适的推荐信。我的第一本中文专著在科学出版社出版时，我的导师还为我写了序言（这也是一种推荐），此时离我毕业回国已经接近 5 年。

（原文发表于《科技导报》，略有修改）

讲座 83

让博士生成长为科技领军人才

这个题目看起来远了一点。但是作为博士生导师，为博士生指点一个在工作中总归会悄然出现的目标，是责任之一。什么是博士生导师最该出现的一个信念？不妨说就是相信学生中将会出现未来的领军人物。1990 年我被批准为博士生导师并开始指导博士生，我从那时起就盼望的远景，就是期望这些博士生成为学术带头人。如今近 30 年过去了，这些学生中已经有 30 位成了博导，有 35 位成了教授。对于新近毕业的和还在校的博士生，我仍然是这么希望的。导师需要时时给予学生这方面的信心，尽管具体的做法在不同专业不同的导师那里是如此丰富多彩。我们满怀信心地相信，中国明天的科技领军人才，就在今天的博士生群体之中。

当然，领军人才是不同的。一类是国家科技部门的领导，如科技部、中科院、工程院、自然科学基金委等部门的领导，一类是研究型大学、科研院所的领导，还有一类是科技企业家、企业技术开发负责人、企业总工程师总设计师们，最多的一类是在各专业各学科中带领并影响该专业该学科发展的教授和研究员们。其中的优秀者，今天已经成为两院院士。本文所谈的领军人物，属于这四类中的最后一类，因为前三类领军人才必定产生于最后一类群体之中。说是教授和研究员们，但也并非所有的教授和研究员们都是领军人才，他们中能成为领军人才的，也只是那些优秀者。

领军人才的关键词是"带领并影响该专业该学科发展"，再看博士论文的基本属性，正是推动相应专业或学科中某个方面的研究，论文中的创新也是在这个意义上才具有了重要意义。可见，博士生导师在指导学生的过程中，实际上是在赋予博士生某些领军人才必须具备的学术要素。让学生在学术上沿着这个方向继续发展，正是博士生导师应该而且可以轻易做到的。毕业前后是导师为博士生指明这一点的极好时期，有时甚至影响博士生的就业选择。回想我所指导的最早的那些博士生，他们就是在毕业时被我挽留而选择终身从事科研和教学的，现在他们都是博导了，并且在日常工作中一点一点地显现着领军人才所应有的学术品格。

导师帮助刚毕业的博士生有机会参与重要科研，无论他是在自己身边还是独自到另一个机构发展，都是重要的和应该的。的确，能在学科上专业上发挥重要作用的，总是那些开展重大课题研究的人。许多在科研上迅速成为领军人物的年轻博士，往往就是那些从事重要课题的。接受大项目研究的团队，容易产生领军人物，也是这个道理。然而，值得指出的是，导师在这种时刻的一个作用，就是要让他们不仅仅"看到树

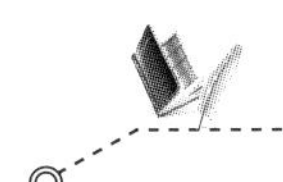

木”，重要的是“闯入森林”。在科研生涯的早期，人们会有一种明显的“浅”认识——科研看起来就是一轮又一轮的经费申请书、课题答辩会、评审会、学术会议中的口头报告（或壁报学术交流）以及科研报告，更不必说那些没完没了追着你快点交差的实验。有时候，这些年轻的科研人员会发现自己“看起来就像世界一流装配工厂生产线上的工人”，他们会因为这样的“陷阱”，在具体事务上越陷越深。在科学的大图像上丧失了眼光，不再关心科学前沿的“烽火”，就会丧失成为科技领军人才的基础。

博士生导师在某些事务上给予毕业的博士生一些指导，也是十分值得的。一是让他继续关注本学科本专业的有关文献综述。追踪学科的前沿总是那些领军人物的兴趣所在。很快，他的兴趣会聚集于把自己的分析和思考写入一篇综述中去发表。二是让他多参加本学科本专业的高级别有声望的学术性会议。十分明显的事实是，能够成为领军人才的，总是会被已经成为领军人物的研究者所吸引，总是会参与学术优秀的人们的活动，总想知道这些人在研究什么怎么研究的，诸如此类。三是让他要有写作有质量的优秀的专业著作的雄心壮志。这会给予毕业的博士生一种持久的科研与专业发展的动力，因为谁都明白，一本专著总是要包含许多科研新成果的，而这不是一时一刻可以做到的。到最后，你的毕业博士生就会进入那样的角色：不仅建立起以自己出主意为主的研究工作或方向，而且是一些人或许多人所从事的研究工作或方向。这个时候，他的研究正在影响着学科或专业的发展。这个时候，他就成了领军人才。而作为导师，你一定会感到百倍的高兴。

（原文发表于《科技导报》，略有修改）